走入科学世界 激发科学兴趣

一学就会的课外制作
KEWAI ZHIZUO

一学就会的生物标本制作

| 制作步骤图文并茂　制作材料简单易得 |

刘清廷 ◎ 改编

上海科学普及出版社

图书在版编目（CIP）数据

一学就会的生物标本制作 / 刘青廷改编 . ——上海：上海科学普及出版社，2018
（一学就会的课外制作）
ISBN 978-7-5427-7072-1

Ⅰ . ①一… Ⅱ . ①刘… Ⅲ . ①生物－标本制作－青少年读物 Ⅳ . ①Q-34

中国版本图书馆 CIP 数据核字（2017）第 275230 号

责任编辑　吴隆庆

一学就会的生物标本制作

刘青廷　改编

上海科学普及出版社出版发行

（上海中山北路 832 号　邮政编码 200070）

http://www.pspsh.com

各地新华书店经销　北京兰星球彩色印刷有限公司
开本 787mm×1092mm　1/16　印张 13　字数 180 千字
2018 年 8 月第 1 版　2018 年 8 月第 1 次印刷

ISBN 978-7-5427-7072-1　　定价 29.50 元
本书如有缺页、错装或坏损等严重质量问题
请向出版社联系调换

前　言

当今社会是知识大爆炸的时期，每个人都必须掌握一定的科学知识和科学技能。对广大青少年来说，必须从小培养对科学的兴趣和爱好，要提高这种兴趣，最好的方法莫过于多参加实践活动。在实践活动中，能够学会以科学的态度对待未知的事物，直至对事物形成科学正确的认识。因此，同学们在课外活动中要积极参与到科技活动中去。

本书是《一学就会的课外制作》丛书之一，带领同学们初涉生物标本的制作。生物标本是学习生物学的重要工具之一，课堂上依靠观察标本就能够帮助同学们理解相应知识，那么，如果自己动手制作生物标本，一定会对相关的知识留下非常深刻的印象。

我国的生物种类繁多，而且拥有许多珍稀动物和植物。在生物标本制作的过程中，同学们需要对各种动植物进行种类识别、生态考察、习性观察等一系列活动，从而激发起深入学习生物学的兴趣，培养实际动手操作能力，以及在实践中观察问题、分析问题和解决问题的能力，还能巩固课堂所学的知识，提高生物学素质。

另外，制作标本的过程会使大家深深感受到祖国地大物博，动植物资源异常丰富，从而产生热爱家乡、热爱祖国的思想感情和自豪感。因此，自制生物标本应该成为同学们参与课外活动时优先的选择之一。

本书共分为5个部分，第一部分简要介绍有关生物标本的基本概念、用途、原理、制作原则以及学习制作生物标本的意义；第二部分和

第三部分分别以种子植物标本和孢子植物标本的采集和制作为例,讲述植物标本制作的操作方法;第四部分和第五部分分别以常见无脊椎动物和脊椎动物的标本制作为例,讲述了常用动物标本制作的操作方法。全书配有大量插图,以图文并茂的形式让同学们能够享受自主动手的乐趣。

  希望同学们通过这本书能学会简单的生物标本的制作,掌握丰富系统的生物学知识和生物基本技能,提高动手能力和增加生物学知识!

目录
Contents

第一章　生物标本概述

第一节　生物标本的概念、特点和分类 …………………………………… 1
第二节　生物标本的用途 …………………………………………………… 3
第三节　生物标本的制作原理 ……………………………………………… 5
第四节　生物标本采集制作的基本原则 …………………………………… 8
第五节　学习制作生物标本的意义 ………………………………………… 9

第二章　种子植物标本的采集与制作

第一节　植物标本的采集与制作综述 ……………………………………… 14
第二节　前期准备工作 ……………………………………………………… 16
第三节　植物标本采集的工具 ……………………………………………… 18
第四节　植物标本采集的原则 ……………………………………………… 21
第五节　植物标本的采集方法 ……………………………………………… 24
第六节　植物标本的制作方法 ……………………………………………… 32
第七节　植物标本的保存 …………………………………………………… 44

第三章　孢子植物标本的采集与制作

第一节　蕨类植物标本的采集和制作 ……………………………………… 48
第二节　苔藓植物标本的采集和制作 ……………………………………… 52
第三节　地衣植物标本的采集和制作 ……………………………………… 56
第四节　大型真菌标本的采集和制作 ……………………………………… 58

第五节　藻类标本的采集和制作 …………………………………… 64

第四章　无脊椎动物标本的采集与制作

第一节　昆虫标本的采集和制作 …………………………………… 76
第二节　环节动物标本的采集和制作 ……………………………… 125
第三节　海洋无脊椎动物标本的采集和制作 ……………………… 126

第五章　脊椎动物标本的采集与制作

第一节　鸟类标本的采集和制作 …………………………………… 156
第二节　两栖类的采集和标本制作 ………………………………… 174
第三节　淡水鱼类的采集和标本制作 ……………………………… 183
第四节　爬行类标本的采集和制作 ………………………………… 189
第五节　脊椎动物内脏器官解剖标本的制作 ……………………… 192
第六节　脊椎动物标本保存总结 …………………………………… 199

第一章 生物标本概述

生物标本作为一种直观、形象的教具，同学们在学校的生物课上一定已经接触到了，它能增加感性知识，使抽象问题具体化、深奥问题通俗化、复杂问题简单化，易于认识、理解和掌握基础知识，大大提高学习生物的兴趣。为了让大家全面了解生物标本的制作知识，本章首先介绍生物标本相关基础知识。

第一节 生物标本的概念、特点和分类

在日常学习生活中，经常会听到"标本"一词。那么什么是标本呢？常用词典中，根据字意和不同的引用范围，对标本有不同的解释。标本有表里、内外、本末的意思，就科研教学活动来说，标本是指能够供学习、研究及观赏用的实物原样或者经过整理而保持原形的动物、植物、矿物等实物样品。

标本大致可分为兽类标本、鸟类标本、鱼类标本、昆虫类标本、植物标本、骨骼标本、虾蟹类标本、化石类标本、矿物类标本等。但是，本书所要讲述的是除后2种外的其他7种标本，它们统称为生物标本。

一、生物标本的概念

生物标本是指将动物或植物的整体或局部整理后，经过加工，保持其原形或特征，并保存在科研单位、学校的实验室或博物馆中，供生物学等

学科科学研究、教学或陈列观摩用的实物。

二、生物标本的特点

生物标本的广泛应用取决于其自身独特的特点。

（1）生物标本具有生动、形象、稳定性好、真实感强的特点。

生物标本准确、完整地反映生物，为同学们观察、实验和深入地钻研知识之间的内在联系带来了方便，有助于同学们正确、迅速地理解和掌握知识，并且记得快、记得牢，从而可以激发学习兴趣，提高求知欲望。例如，家兔的生理机能是比较抽象的知识，而通过家兔的解剖浸制标本和外形剥制标本，首先能使同学们明白任何动植物的形态结构都是与其生活环境和生理机能相适应的——家兔的盲肠粗大就是与草食性相适应的，等等。其次，结合标本表现的家兔的形态结构去领会其生理机能，学习也变得生动活泼，知识间的内在联系也容易理解。又如，同学们通过观察植物根系的干制标本，能很容易理解庞大的根系有利于固定植物体，有利于从土壤中吸收水分和无机盐。

（2）生物标本克服了空间和时间的限制，具有特殊的效果。

动植物种类繁多，区域性分布复杂，有的只生在南方，有的则为北方所特有。如果把不同地区特有的物种制成标本并广泛流传，就可以从根本上克服区域性的空间限制，使生活在南方的人们可以看到北方的动植物，生活在北方的人们可以看到南方的动植物。

家兔解剖浸制标本

在生物教学时，如果遇到植物凋谢、动物蛰伏的寒冬时节，使用事先采集制作各种生物标本，就可以让同学们在课堂上可以看到动植物的实体，克服了时间给学习带来的种种限制；如果需要系统地了解某种生物的系列发育变化，例如蝌蚪的发育、蚕的生活史、种子的萌发等，由于观察活体的这个全过程需要有足够长的时间，所以使用事先在其各个发育阶段选择典型个体制成的系列标本,那就可以收到在同一时间内观察不同时期生物发育过程的效果。

三、生物标本的分类

按照不同的分类标准,生物标本可以分为不同的种类,常用的分类方法如下:

(1) 按制作对象不同,可分为动物标本、植物标本和微生物标本;

(2) 按制作方法不同,可分为干制标本、浸制标本、剥制标本、骨骼标本、腊叶标本、玻片标本、模式标本等,也有把剥制标本和腊叶标本列入干制标本的。

除模式标本外,其他几类标本的具体知识将在后面章节中一一介绍。此处只说明模式标本的概念。

所谓模式标本,是指作为规定的典型标本。在生物标本中,对新发现的生物进行原始描述和定名所依据的标本,通常以"模式标本""Type"(英文)或"Typus"(拉丁文)标明。这种标本在一般中小学中很少见,常常被保存在这个新种(或新亚种、新变种)的原始记录和订名者的研究单位或大学的动植物标本室内。

第二节　生物标本的用途

生物标本的用途有很多方面,比如科学研究和生物教学都离不开生物标本,此外,生物标本在课外活动、绘图、展览、观赏等方面也有重要作用。

一、生物标本在科学研究中的作用

生物标本可以为科研工作者提供最直接、可靠、精确的直观实物及有关数据,对于在室内深入研究各种生物的生活、生长、发育及繁殖规律有重要意义。

比如，植物分类学家在对各种植物进行系统分类时，必须以植物标本作为主要依据，分析它们之间在根、茎、叶、花、果实、种子等方面的相同点和不同点，正确判断出它们的特征，才能对每一种植物作出准确无误的鉴定。

再比如，我国明代杰出的医药学家李时珍，重视临床实践，主张革新，在当地人的协助下，经常上山采药，深入民间，向农民、渔民、樵夫、药农、民医请教，同时参考历代医药及有关书籍，并收集整理宋、元时期民间发现的很多药物，充实了医药学内容，经过27年的艰苦努力，著成《本草纲目》一书。在这部巨著中，李时珍根据对植物标本的分类、定名、鉴定，使一些由于不同药物有着同一名称，同一药物有着不同的名称所引起的混乱得以澄清，书中共收集原有诸家《本草》所载药物1518种，新增药物374种，是我国医药学的一份宝贵遗产。

二、生物标本在生物教学中的作用

在生物教学中，生物标本的用途更加广泛。中国有句成语，叫作"百闻不如一见"，即使在科学技术比较发达的今天，这句成语仍然符合实际。

在课堂里，常常会出现这样的现象：老师在讲台上无论怎样用生动具体的语言描述某个

老师向同学们展示生物标本

动物的特征，讲台下听课的学生仍然无精打采，提不起精神，但当老师出示了这一动物标本后，课堂气氛顿时活跃起来，学生的注意力集中到这个形象而生动的"动物体"上，老师的讲解把他们带进一个引人入胜的境地，使他们一面听讲，一面观察，大脑也同时在记忆、思考。这样的生物课，老师教得生动活泼，学生学得津津有味，而且懂得快、记得牢。

三、生物标本在课外活动中的作用

同学们在课余时间会选择参加各种课外活动来丰富自己的知识。在众多课外活动中,生物标本的采集与制作是备受青少年喜爱的一种活动。采集标本能使同学们走向大自然、开阔视野、活跃思想、启迪思维;制作标本又能使同学们不仅亲自动手做出栩栩如生、招人喜爱的生物标本,而且进一步巩固了所学的生物学知识,提高了自己的观察能力和动手能力。

此外,在自然博物馆里,常常可以看到许多珍贵的动植物标本,这些生物标本的展出,为更多的人群提供了学习生物学知识的条件;在商店的柜台上和橱窗中,也常常摆设有生物标本,这些被制成各种形态奇特、活灵活现的生物工艺品,可供人们观赏、购买;在绘画和制图的场所,生物标本还常常被当作最形象、最直观的临摹道具。

第三节 生物标本的制作原理

要制作出合格的各种生物标本,既要符合科学性,做到真实、完整,还要模拟出生活中的自然形态和神气,才能完美地显示出栩栩如生的姿态,使观赏者对标本的主题内容进行仔细观察、深入研究,从而使标本具备一定的科学应用价值。因此,制作生物标本需要遵循一定的原理。

一、符合标本的生物学特性

制作各种生物标本,首先要熟悉制作对象的生物学特性,如形态、结构、生理机制、生活习性以及标本组织结构方面的理化性质等,然后结合标本的用途,如教学、科研或科普展出等,做出"制以致用"的制作方案。

在制作过程中,只有自始至终结合生物学的特征,才能使制成的标本既不失真,又能满足需要,还可持久保存。

此外,还要根据对标本质量的具体要求和制作条件,"因材施制"。因此,标本制作的方式、方法不是一成不变的。例如,鸟兽标本通常是采用剥制方法，但是如果采集的标本由于置放时间过长或贮藏不当，在制作时其羽毛已明显脱落，甚至躯体已经有轻微腐败的迹象，那就失去了剥制的基本条件，可以改做骨骼标本，如果是珍稀动物，也可以改做成浸制标本。

总之，只有掌握标本的生物学特性，结合标本的具体条件，才能制作出具有典型特征、符合需要、利于保存的生物标本来。

二、选择合适的制作材料

在确定某种生物标本的制作、保存方法后，要根据各种制作材料的化学性能进一步精选所需要的制作材料，只有针对需用材料的化学性能及其经济效益择优选取，才能收到好的效果。

例如，常用试剂中的酒精（乙醇）和福尔马林（甲醛水溶液），它们虽然都有灭菌、固定作用，但对生物体所起的效应，却各有特点。

酒精有强烈的杀菌力，渗透能力强，并有脱水作用，是一种常用的效果比较好的灭菌、固定剂。它的缺点是易使标本收缩、僵硬。一般使用浓度为70%~75%，浓度过高灭菌效果反而降低。为了避免标本收缩、僵硬，在单独使用酒精固定标本时，宜采用由低浓度到高浓度渐次升高的方法来解决。用95%的酒精配制各种浓度的酒精见下表：

配制各种浓度酒精时95%酒精用量表

常配酒精浓度	95%酒精用量（毫升）	加水量（毫升）
30%	30	65
40%	40	55
50%	50	45
60%	60	35
70%	70	25
75%	75	20
80%	80	15
90%	90	5

福尔马林是一种无色、有刺激性气味的液体，具有强烈的杀菌作用，渗透力强，固定速度快，并有良好的防腐性能。它的缺点是易使标本发胀。

常用浓度为5%～10%，配制按市售福尔马林的浓度为100%计算。

综上所述，应根据每种溶液的特点，除有目的地单独使用之外，在配制标本液时还可以扬长避短，把酒精和福尔马林配成混合浸液使用。此外，酒精价格较高，福尔马林价格较低，两者混合使用还可降低成本，比较经济。

除各种化学试剂、药品外，对制作标本使用的其他物品，如铁木材料、玻璃、有机玻璃和塑料制品等，也需了解并掌握其性能、规格等，从而达到经济有效、运用自如、合理使用的目的。

三、运用物理学原理正确制作生物标本

自然界中各种生物都有一套适应外界环境的形态、生理结构和本能，随着其中的奥秘不断被揭露，它们在近代仿生应用方面已经发挥了很大的启示作用。因此生物标本制作对这一点应该高度重视，并保证所制作的标本完全符合科学实际。

鸟类剥制标本力矩关系示意图1　　**鸟类剥制标本力矩关系示意图2**

在制作标本时，对于标本的结构需结合物理学原理进行加工，以保持姿态自然，重力平衡，支撑牢固。例如，在制作鸟类剥制标本时，用铁丝支架固定于标本台板上，根据物理学原理，可以将整个鸟的剥制标本分为前、后、左、右四个部分，取中点O为整个动物体的支点，前边部分力和力臂的乘积应等于后边部分力和力臂的乘积，也就是说，前、后力矩要相

等，左、右力矩也要相等，才能保证鸟体的重力平衡，支撑牢固，作用于重心的重力在鸟体的支撑面之内，鸟体端正地立于标本台板上。

第四节　生物标本采集制作的基本原则

采集和制作一件合格的生物标本，不是一件十分容易的事，这不仅需要经过一系列的加工处理，而且要严格遵循以下4个基本原则。

一、真实性原则

真实性原则要求生物标本一定是实际存在的生物实体。生物标本若失去了真实性，那就没有一点价值，并且也毫无意义。生物标本的实质是经过加工处理的生物体本身，因此，如果在做生物标本时不使用生物体本身，而采用其他什么东西代替，这样炮制出来的"标本"就不能称其为生物标本。对于不同动植物体的不同部分是不能拼凑的，必须防止以假乱真而失去标本的真实性。

二、典型性原则

典型性是指所采集的生物标本必须是能够体现这一物种的最突出的特征，并且这些特征是最明显、最能说明问题的。为此，一定要采集那些具有典型特征的生物体，不典型将会给分类、定名、识别、辨认带来许多不必要的麻烦。

三、完整性原则

完整性原则要求用于制作生物标本的生物体不能缺东少西，留此掉彼，而应是一个完全的整体。例如，一棵植株包括根、茎、叶、花、果实、种子，制作一个完整的草本植物的腊叶标本，这6个部分就应完整无缺；如果在采集时不慎碰坏了花、丢了果实或弄断了根，这棵植株就不宜再做标本，即使做了也已经失去它本身的生物学意义。因为植物生长发育有阶段性，所以通常不可能一次性采集到花果俱全的植株整体，而需要根据不同种类的植物花期、果期分批采集齐全。

 四、以科学性为主、艺术性为辅

生物标本在制作技术、定名等方面都应尊重科学，即生物标本应具有科学性，这是不言而喻的。但是同时还应该注意生物标本的艺术性；有些标本的确科学性很强，但粗制滥造，叫人看起来很不舒服，这也是不可取的。

制作生物标本是科学性与艺术性相结合的一项技术操作。相对来说，属于科普范围内的生物标本，在强调科学性的同时，有必要在制作过程中适当配合一些工艺手段，如标本的姿态和配装一些简要的背景，以及适度的装潢等。但是，既然是生物标本，就应以科学性为主，艺术性为辅，一些不必要的加工缀饰不宜喧宾夺主，以免失去标本的科学应用价值，也就是说，应该注意保持生物标本的科学严肃气氛。例如，在中学植物标本竞赛中，有的参赛标本适当加饰了彩色吹塑纸作为标本的衬托，外观比较协调大方，但是有的标本在衬托之外又粘贴了不必要的花边，费了较多的工夫，实际上反倒破坏了标本的严肃性。

第五节　学习制作生物标本的意义

从前面的内容我们不难看出，生物标本具有独特的特点和广泛的用途，因此，学习制作生物标本对青少年来说，是一件非常有意义的事。

 一、激发学习兴趣

生物标本的采集与制作能活跃人的思想，激起我们对大自然的热爱，培养同学们学习生物学的兴趣。

爱因斯坦说："兴趣是最好的老师。"对任何一门课程的学习，只有热爱，才会主动去学。而热爱和主动地去学习一门课程的关键是要有学习的兴趣。学习兴趣是对学习的一种积极的认识倾向与情绪状态。一个学生一旦对某一学科有兴趣，他就会持续地专心致志地去钻研，学习效果必然会得到提高。学习和兴趣的作用是相辅相成的，从对学习的促进来说，兴趣可以成为学习的动因；从由学习产生新的兴趣和提高原有兴趣来看，兴趣又是在学习活动中产生的，可以认为是学习的结果。

学习兴趣有两类：①间接兴趣。它是由学习活动的结果引起的，如获得一个好的学习成绩等。②直接兴趣。即由所学材料或学习活动本身所引起的兴趣。间接兴趣和直接兴趣都能激发同学们的学习欲望，但大量实践表明，对学习的直接兴趣才是提高学习质量最有利的因素。

在学校，学习兴趣的产生和培养，与老师有密切的关系，老师应使学习活动有趣味。当老师把学生送到五彩缤纷的大自然中去观察、捉采动物植物时，当老师把学生领到自然博物馆和动物园去观察标本和动物时，当老师把学生带进实验室去亲手解剖各种各样的生物时，学生们兴奋的心情是难以形容的。在这种情况下，学生和老师的关系变了，学生要进行独立的观察和实验，他们是主动者，而老师则是指导者。这种学生"直接去做"的学习活动，调动了学习积极性，提高了学习兴趣。久而久之，学生就会更加主动地去学习，并且热爱所学的知识，从而达到学校教学的目的。

同学们在学校生物教学中，一定会发现使用生物标本能集中听课的注意力。大量的生物教学实践证明：老师在课堂上出示生物标本要比大声疾呼"注意""注意"有效得多。为什么？因为人的知觉不是一架录像机——有像就能录下来，而是有选择性的。当外界事物引起大脑的兴奋时，其注意力集中在大脑的相应区域，称为优势兴奋灶，也就是平常所说的注意力集中点，处于这种优势兴奋的区域的反应能力最好，注意力最集中，条件反射易于形成，所以学习效率也最高。

因此，同学们不仅要依靠老师的教学方法提高对生物学习的兴趣，也要通过自身发掘找到对生物学习的兴趣，而积极主动学习生物标本的制作就是同学们激发学习兴趣的有效方法之一。

通过采集标本，同学们可以识别各种生物，了解它们的生活环境和生活状况，使课堂上学到的知识得以巩固和扩展。回到学校后，把亲手制作出的标本拿到课堂上去演示，能极大地吸引听课的注意力，调动学习的主动性和自觉性。

二、培养观察能力和动手能力

亲自采集和制作生物标本，能培养同学们的观察能力和动手能力，还能明确科学概念。

一切科学上的新发现、新成果的取得，都是建立在周密、精确观察的基础上的。巴甫洛夫一直把"观察、观察，再观察"作为座右铭，并告诫同学们："不会观察，你就永远当不了科学家。"英国著名的细菌学家弗莱明也说过，"我的唯一功劳是没有忽视观察"。可见，观察是一切知识的门户；在人类认识和改造世界的各个领域中，它起着极其重要的作用。

观察是知觉的特殊形式，它是有预定目的、有计划的主动的知觉过程。观察比一般知觉有更深的理解性，思维在其中起着重要的作用。观察力是智力结构中的一个组成部分，培养观察力是同学们自我提高的一项重要任务。

采集和制作标本不是机械地重复某一种动作，它要求采集制作者有敏锐的观察力、正确的方法、完整的思路和灵巧的动手能力。

同学们学习制作生物标本，首先要走近大自然，对大自然及生物体进行观察，包括观察生物的生态环境、生活习性、生物体本身的形态结构以及每一种生物的生活史等，在这个过程中能够提高同学们的观察能力。例如采集蛙卵标本时，不仅要知道在什么样的生态环境下能找到蛙卵，还要弄清蛙卵与蟾蜍卵的区别。

动植物捉采回来之后要制作标本，也需认真观察。例如，在制作鸟类剥制标本前，一项很重要的工作内容就是要仔细观察这只鸟的姿势和神态，包括它的眼睛、喙、后肢的颜色等，如果不能很好把握这只鸟的形态和神态，做出的标本就不能很像。脱离原动植物体主要特征的标本不是一个合格的标本。

在一系列采集、制作标本的活动中，同学们亲自动手，这是锻炼动手能力的极好机会。比如在采集菜粉蝶标本时，如果不掌握采集要领，跟在菜粉蝶后面乱跑，急速翻网的方向又不对，那就很难采集到。

此外，在采集和制作标本时，同学们往往会遇到许多问题，带着这些问题去查找资料，阅读书籍、杂志、剪报等，将能进一步加深对生物科学概念的理解，并获得许多有关的自然科学知识。

三、发展思维能力

通过亲自采集制作生物标本，可以加快同学们学习生物学知识的速度。因为人的感觉和知觉的速度取决于获得感性认识的速度，而反映同一知识内容的不同直观手段，会在感知速度上有很大差别，如果采用的方法得当，就能迅速地理解应当看清的一切，学习速度就会相应加快。例如，在学习蝗虫口器的知识时，随着教师的讲解，如果同学们的手中有一份蝗虫口器的标本，就能够很快知道哪是上唇、下唇，哪是上颚、下颚、舌，等等。同时，理解知识的速度也会加快，例如，在讲解裸子植物的特征时，观察裸子植物标本能够把抽象的概念具体化，很快理解所学的知识。

此外，生物标本还可以帮助同学们把分次理解的知识进行类比、分析与综合，得到新的理解。例如，在动物学学习中，如果结合动物形态的标本、解剖标本，比较脊椎动物各纲的构造和功能，包括体表、脑、呼吸器官、循环系统、运动器官、生殖器官等，同学们就能很快理解动物的进化是由水生到陆生，由简单到复杂、由低级到高级的这一结论。

所以，学习生物标本的采集、观察与制作，既能加快学生认知事物的速度，又能发展学生的思维能力。

四、训练生物学基本技能，提高生物学能力

在中小学时期掌握生物学基本技能是生物学习的一项重要任务。我们通常所说的技能是指在一定条件下，选择和运用正确的方法，顺利完成某种任务的一种活动方式或心智活动方式。生物学基本技能主要包括3个方面的内容：

（1）使用观察实验器具和仪器的操作技能；

（2）搜集、培养和处理观察实验材料的动作技能，其中又包括制作涂片、装片和徒手切片的技能，采集动植物并制成标本的技能和培养、解剖动植物的技能；

（3）观察和实验的心智技能和动作技能。

生物学基本技能的训练要和生物学基础知识的学习结合在一起进行。技能的训练要有明确的目的，而且练习的方式要多样化，保证质量，知道结果。采集和制作生物标本恰恰有助于生物学基本技能的培养。

随着科学技术的迅猛发展，同学们掌握能力比学习知识更重要，因为能力是自我获得知识的手段和源泉。生物学能力是以思维为核心，把生物学基础知识和基本技能结合起来，去分析新问题和解决新问题的一种思考和行动的综合能力。

生物学能力使同学们在学校里能更快地获得知识，走上工作岗位后能不断获得新知识并圆满地解决科学、生产和生活中的问题，有些还可能有创造发明等。因此，生物学能力的培养是不可忽视的。

培养生物学能力有多种途径，其中采集和制作生物标本是重要途径之一，因为这一活动涉及的知识面很广，而且非常结合实际，所以难度比较大，培养出来的能力水平也就高一些。有些生物标本的采集和制作还具有科学研究的性质，有的就是科学研究的初级题目。例如，有些标本的采集和制作要经过反复实验和观察，最后才能做出来，这就是科学研究的雏形。

第二章 种子植物标本的采集与制作

相对于动物标本来说，植物标本的采集与制作比较简单易行，而种子植物是植物界最为重要和常见的种类，在植物学方面开展科技活动，首先要认识各种种子植物，并且还要将已经认识的植物种类制成标本，作为进一步开展其他科技活动的资料。同学们从种子植物标本的采集与制作学起，更容易掌握系统的植物标本制作方法。因此，种子植物采集和标本制作，不仅是一项独立的活动，也是开展其他生物活动的基础。

本章从种子植物标本的采集与制作出发，介绍一般植物标本采集和制作的基本知识。

第一节 植物标本的采集与制作综述

植物标本对掌握有关植物学的基础知识、科研资料和科普宣传，以及为国家自然资源的开发、利用提供科学依据等具有重要价值。学会采集和制作植物标本是培养植物分类学实践能力和进行植物识别、分类的重要步骤，也是同学们今后从事相关教学和科研工作的基本技能。通过植物标本采集不但能够掌握采集的方法，还能够实地观察、研究植物的形态、物候期、生态环境特点和分布规律等。

植物标本根据使用目的可分为以下4种。

（1）整体标本

整体标本主要用来识别植物，鉴定学名，鉴别中草药。通常对某一地区进行植被调查也是使用这种标本。例如调查某个学校、山头的植物资源时，虽然高等植物的根、茎、叶等营养器官，是识别植物依据之一，但是常因生长环境不同而有所差异，而花、果具有较稳定的遗传性，最能反映植物的固有特性，是识别和鉴别植物的重要依据，所以采集标本时必须尽量采到根、茎、叶、花和果实俱全的标本。草本植物还应该挖起地下部分。从根系上可以鉴别出是一年生还是多年生的。而且地下部分除根茎外，往往还存在变态根和变态茎，如荸荠、百合、菊芋、甘蓝、黄精、贝母、七叶一枝花等。木本植物应采集有代表性的枝条，最好附有一小片树皮。孢子囊群的形状与排列、根状茎及其鳞片和毛被等是蕨类植物重要的分类特征，采集时要加以注意。整体标本常制成腊叶标本和原色浸渍标本。

（2）解剖标本

解剖标本主要用于观察、研究植物某一器官的内部组织结构。如解剖洋葱的鳞茎，以观察基盘、幼芽、鳞叶、须根等结构。横剖黄瓜，以观察瓜类的侧膜胎座和种子着生位置；纵剖桃花，以观察花的各部位及其形态。采集这类标本只要选择有代表性的某一健康器官即可，不必采集整个枝条。解剖标本通常制成防腐性的浸渍标本。

（3）系统发育标本

制作系统发育标本是为了观察研究植物的生活史，即某一植物从种子萌发到生长发育、开花、结果各阶段的生长情况，常用于生物教学和引种栽培及科研方面。这类植物标本必须采集植物不同的生长发育阶段，如制作菜豆和玉米种子萌发过程的标本，就要采集它们胚的萌动、长出主根和幼芽、长出真叶等各阶段的标本。这类标本可制成腊叶标本，也可以制成浸渍标本。

（4）比较标本

比较标本主要是比较不同植物的某一器官的异同。例如比较双子叶植物和单子叶植物种子形态，就要采集油菜、大豆、黄瓜、番茄等成熟的果实，除去果皮，将种子晾干，还要采集小麦、水稻、玉米的果实晾干进行比较。比较各种形态的根，可以采集直根系的棉花；须根系的水稻和小麦；球根的心里美萝卜；圆锥根的胡萝卜；圆柱根的萝卜；块根的番薯、玉米；

甘蔗的不定根；以及菟丝子、桑寄生的寄生根等。比较各种形态的茎，可以采集直立茎的桃、榕树；缠绕茎的牵牛花、金银花；匍匐茎的草莓；攀缘茎的葡萄、葫芦、爬墙虎；枝刺的山楂、皂角；肉质茎的仙人掌、昙花；球茎的荸荠、甘蓝；鳞茎的洋葱、大蒜等。比较各种形态的花冠，可采集离瓣花的桃花；十字花冠的油菜、荠菜；蝶形花冠的大豆、紫檀、蚕豆；管状花的红花；舌状花的菊芋；以及单子叶的小麦花等。比较各种花序，可以采集总状花序的白菜；穗状花序的车前；伞形花序的开竺葵；头状花序的向日葵等。比较各种形状的果实，可采集核果的李、杏；浆果的柿、葡萄；梨果的苹果、鸭梨；荚果的豌豆、刺槐；角果的萝卜、大青；瘦果的向日葵；颖果的水稻、小麦；翅果的榆、槭等。比较标本可以制成腊叶标本，也可制成风干标本，而果实以原色浸渍标本效果更好。

第二节　前期准备工作

野外植物采集，最忌草率从事。草率从事不仅影响活动质量，而且很容易发生安全问题。因此，在活动开始以前，必须做好各种准备工作。

一、选择和确定采集地点

（1）选择和确定采集地点的原则

采集地点的好坏，直接关系到采集活动的质量。选择和确定采集地点时，应遵循以下各项原则：

①有比较丰富的植物种类，最起码要具备常见的植物种类，否则就难以保证采集质量。

②要有发育良好的植被类型，如良好的森林、灌丛、草地和水生植物群落等。只有在发育良好的植被类型中，才会生长各种典型代表植物，从而才能使同学们容易理解植物与外界环境统一的原则，以及植物分布的规律性。

③交通要方便，采集地点比较安全。

（2）做好采集地点的预查工作

采集地点一旦确定，就要进行预查工作。预查应在临近采集活动开始前进行，其内容主要有以下几点：

①调查可供采集的植物种类及其分布区域。

②选择最佳采集路线和中途休息点。

③了解在采集中可能出现的各种不安全因素，并准备好一旦发生安全问题时的解决措施。

④熟悉从学校到采集地点的沿途交通情况。

二、准备图书资料

采集开始前应准备好以下图书资料，供采集时使用：

（1）本地区的植物志。

（2）采集地点的植物检索表（根据预查所得植物名录，由老师进行编写）。

（3）有关采集地点的地形图和地质、地貌、气候、土壤等资料。

三、学习植物采集方面知识

植物采集是一项知识性和技术性很强的科技活动，同学们一定要先学习有关的知识，有所了解和准备，主要有以下几点：

（1）种子植物形态学术语。

（2）植物检索表的组成及其使用方法。

（3）植物采集的方法和步骤。

（4）采集地点的植被类型、植物主要组成、地质、地貌、气候、土壤等知识。

四、提高安全意识

野外采集中存在着许多不安全的因素，诸如蛇咬、摔伤、迷路、溺水等。为了防止出现这些事故，出发前应学习学校有关安全教育的内容。小组行动时，宣布一些必要的纪律，如采集过程中不准单独行动、不准捉蛇、不准下水游泳、必须穿着长袖上衣、长裤、高帮鞋和遮阳帽等。

第三节　植物标本采集的工具

为了能采集到完整的植物标本，使标本得到及时处理，并且回校后能立即制成标本，必须准备一套用品用具，这套用品用具包括采集工具、记录用品、防护和生活用具、标本制作工具等4类。

（1）采集工具

①标本夹：标本夹既可供采集标本又可供压制标本之用，是用木板条做成的长约45厘米、宽约30厘米的木制夹板。标本夹分为背夹和压夹两种，如图所示。前者最好是装有尼龙搭扣和背带，以方便在野外采集时随时将标本压入标本夹中，防止采集的标本失水皱缩；后者适用于标本的集中压制，较为常用。

两种常用标本夹

使用压夹时，为了简便和减轻携带负担，可以把标本夹缩小到一张吸水纸那么大（40厘米×26厘米），改用尼龙搭扣加压固定，这种形式的标本夹比一般标本夹轻便实用，如图所示。

1.压板　2.柱板　3.尼龙搭扣

轻便型植物标本夹

使用轻便型植物标本夹时，底板朝下，把吸水纸垫在底板上，放好标本后，再把盖板压在最上层的吸水纸上，然后用力把盖板上的尼龙搭扣紧扣在底板的搭扣上就可以了。

②树枝剪：树枝剪是用来剪断植物枝条的工具，常见的有两种，一种是剪取乔、灌木枝条或有刺植物的手剪，另一种是刀口比较长大的长柄修枝剪，称为高枝剪，如图所示。高枝剪的剪柄上另安有一根长木把和一条绳子，把刀口对准剪取部位，然后拉动绳子，即可剪取较高的树枝。

手剪

高枝剪

两种树枝剪

③采集箱：采集箱是一种用来装那些不能放入标本夹的植物标本（如木质根、茎或果实等）的背箱，也适于遇雨时使用，一般用马口铁制成，长40厘米、宽20厘米、深20厘米。如图所示，缺点是比较笨重。也可用大塑料袋代替采集箱。

植物标本采集箱

④采集袋：用人造革、帆布或尼龙绸制成，用于盛取标本和小型采集用品用具，其体积可为44厘米×39厘米×15厘米。

⑤小锄头（采集杖）：用以挖掘植物的根、鳞茎、球茎、根状茎等地下部分，或石缝中的植物。

⑥小手锯：用来采集木材标本，或锯树枝之用。

⑦手持放大镜：用于在野外采集标本时，观察植物特征之用。

⑧米尺：用于测量长度。

⑨掘铲：用于挖掘一般草本植物。

⑩树皮刀：可以折叠，用于割取树皮。

⑪望远镜：用来瞭望远处的地形和植物种类。

⑫高度计（即海拔仪）：用于了解采集地点的海拔高度。

⑬指南针：用来指示采集路途的方向。

⑭纸袋：用牛皮纸制成，长约10厘米，宽约7厘米，用于盛取种子以及标本上脱落下来的花、果和叶。

⑮小塑料袋：长约15厘米，宽约10厘米，用来盛鳞茎、块根等。

（2）记录用品

①采集记录表和铅笔：在野外采集时，用于记录植物的产地、生境、特征等各种应记事项。为了使记录工作迅速准确，可事先按上列格式印刷，并装订成册，供野外采集时用。采集记录册中每一页记录一号植物（不同地点采集的同一种植物，要按不同号记录）。

②标本号牌：用白色硬纸做成，长宽各3厘米左右，系以白线，挂在每个标本上，用于在野外时填写采集人、采集号、采集地等信息。

③钢卷尺：用来测量植物的高度、胸径直径等。

（3）防护及生活用具

①护腿：用厚帆布制成，用于防蛇咬伤。

②蛇药：用来治疗毒蛇咬伤。

③简易药箱：内装治疗外伤、中暑、感冒等医药用品。

④长袖上衣、长裤、高帮鞋和遮阳帽，这样的穿着是为了尽可能避免扎伤和咬伤。

⑤水壶及必要食品。

（4）标本制作器具

①吸水纸：吸水纸是在压制标本时起吸收植物水分的作用，各种纸张均可，但以吸水性强的麻皱纹纸为佳，也可以选用绵软易吸水的纸，通常是市售的富阳纸，某些较细的草纸和报纸也可以代用。

②镊子：用于压制标本时的标本整形。

③直刀（刻纸刀）：用于标本上台纸时切开台纸。

④台纸：为8开的白板纸或道林纸，用来承载标本。

⑤盖纸：为8开的片页纸、薄牛皮纸、拷贝纸等纸张，不一定要透明，用来盖在台纸的标本上，保护标本。

⑥2~3毫米宽的白纸条、白线、针、胶水：用来固定台纸上的标本。

⑦野外记录复写单：其内容和大小跟野外记录册完全一样，但不装订成册，用来安放在台纸的左上角。

⑧标本签：用于安放在标本的右下角。

⑨消毒箱：木制，用于标本杀虫，密闭性能要好，体积大小不限，一般要能容纳几十份腊叶标本，箱内距底部以上约5厘米处，按水平方向，放置带木框的铁纱，将消毒箱分成上下两部分，上面的空间放置待消毒的标本，下面的空间放置四氯化碳。

⑩四氯化碳和玻璃皿：用于标本消毒。

标本制作须在返校后进行，所以标本制作的器具无需带到采集点。

第四节　植物标本采集的原则

野外采集是有目的、有计划的行为，为了保证得到合格的植物标本，野外采集植物标本应遵循以下原则。

一、确定采集对象

在植物生物学野外实习中，环境中的各种植物都是标本采集的对象。一般来说，不同的植物类群具有不同的生长习性和形态特点，虽然植物体每一部分的形态特点都包含有重要的信息，但花和果实却是大部分植物类群分类的最重要的依据。因此，在采集标本时，应该尽量选择具有花或果实的植株为对象。

对于植株较大的植物来讲，在采集植物标本时，不可能采集整个植株，而只能采集植物体的一部分。为使整个植株的形态、大小和其他特征在采集的标本上得到最真实的反映，在采集标本时，必须通过观察，首先确定采集植株的哪部分才有代表性。

在不同的环境条件下，生长着不同的植物，必须随时注意观察，尽量采集。同时，在相同或不同的环境下生长的同一种植物，可能会表现出不同的特点。因此，必须观察、了解采集地的环境，并注意观察植物变异的规律，才能采集到具有尽可能多的信息的植物标本。

二、重温基础知识

采集前须先对采集计划中所列的采集对象进行较系统的了解和分析。如以"科"为重点，或横向以药用植物为重点，较充分地掌握必要的基础知识，包括分类特征、分布特点、生活习性等，先有个概略的轮廓，以便下一步识别选采。

三、仔细观察，尽量采集

到了采集现场，不要急于动手采集，先仔细观察一下情况，如采集地区的地势、地貌、植被、群落分布等宏观概况，然后再确定采集路线和采集方法。另外，还要向当地群众请教，了解区域性的自然特点和植物生长、分布等情况，供作采集活动的参考。

初学者采集标本时，常常把注意力放在花朵鲜艳的植物种类上，因为这类植物容易引起人们的注意，也容易为人们所喜爱。但是，植物采集不是游山玩水，是一项严肃的科学活动。要知道，一种花朵不鲜艳、体态不好看的植物（例如禾本科植物），它的理论意义和经济价值，可能比另一种花朵鲜艳的种类大得多，所以在采集过程中，不管好看的还是不好看的，常见的还是罕见的，大型的还是小型的，都要采集。要采集所遇到的各种植物。这就要求每个成员都必须仔细观察，不能马虎，更不能凭个人的喜好随意取舍。

还有，野外采集对同学们来说也是检验和提高观察能力的一次难得机会。在采集过程中，只要仔细观察，尽力搜寻，不仅可以采集到更多的植物种类，而且也可以从中培养自己敏锐的观察能力。

四、要采集完整并且正常的标本

什么是完整的标本？对木本植物来说，必须是具有茎、叶、花、果的标本；对草本植物来说，除了茎、叶、花、果以外，还应该具有根以及变态茎、变态根。

上述的根、茎、叶、花、果5类器官中,以花果最为重要。因为花果的形态特征是种子植物分类的主要依据,只有营养器官没有花果的标本,科学价值很小,甚至没有科学价值。由于许多植物的花果不可能同时存在,采集这类植物时,花、果两者只要有一项,就算是完整的标本。

正常的标本是指所采到的标本体态正常。我们在采集过程中,常常会遇到一些体态不正常的植株,例如:由于昆虫和真菌的危害,有的植株茎叶残缺、皱缩、疯长以及产生虫瘿等现象,这些不正常的体态,都会给识别和鉴定工作带来困难,只要有挑选的余地,就尽量不采这样的标本。

五、采集标本的大小和份数

野外采集的植物标本,主要用来制作腊叶标本,因此,标本的大小取决于台纸的大小。同学们制作腊叶标本用的台纸,通常是8开的白板纸或道林纸,其大小为38厘米×27厘米,所以标本的大小以不超过35厘米×25厘米为适度。采集木本植物时,可按照这一尺寸剪取枝条,草本植物虽然要采集全株,但一般不会超过35厘米×25厘米,如果超过35厘米×25厘米的范围,对高大草本植株,则可分别剪取其上、中、下三段作为标本。

每种植物标本在可能条件下要采3~5份,以供应用及与有关单位进行交换。在采集标本的同时,应采集一些花和果实,放入广口瓶中浸泡,留待返校后进行解剖观察。

对于要制成其他种类标本的植物,可根据实际情况,自行确定。

六、采集及时妥善处理

采下的标本要及时加上标签,编号登记在采集记录本上,然后略加整理,即放入标本夹或采集箱内,待返回后加工。

七、注意安全作业

在野外采集标本一定要注意安全,遵守山林保护守则。悬崖、山坡以及高大林木等,除有专门防护设备的专业考察采集外,一般都不要冒险攀登。此外，要注意防火，注意草丛、林间的蛇、兽。

第五节　植物标本的采集方法

制作植物标本的主要要求是典型和完整。而想要制成典型、完整的植物标本，又必须立足于标本的采集，采集不当，将很难达到上述要求，更无法提高到科学、精确、美观的境界。由此可见，植物标本的采集，在提供进一步加工制成合格的标本方面有着奠基的作用。

一、草本植物标本的采集方法

采集草本植物通常是选择典型、完整的进行全株挖取。扎根较浅，土壤疏松时，可用手提、手拔；根系较深、土质较硬时，不可轻易拔取，要用小铁铲在根部周围松土浅挖，顺势将植株提出；有的还要用小铁锹深挖，扩大挖面，待露出主根后再设法取出，以防折断主根。

所谓典型，是指所采的标本要具有明显的分类特征，在同种植物中有较强的代表性。所谓完整，是指整株标本的根、茎、叶、花、果俱全，并基本完好无损。由于植物的生长发育阶段不同，遇到尚未开花、结果时，可先采下植株，留下标记，记下采集地点，等到花、果期再来补采配齐。每种植物标本一般采集3～5份，以后要用于教学的标本以及珍稀、奇异或有重大经济价值的植物，可酌量多采几份。

寄生植物如菟丝子、桑寄生等，采集时要把它们的寄主植物也采下一些，两种标本放在一起，并注明它们之间的关系。有些植株上的部分结构是分类鉴定时的重要依据，则应尽量选取采齐，如十字花科、伞形科、槭树科、紫草科植物的果实；沙参属、益母草属及伞形科的基部和茎上的叶片；兰科、杜鹃属等植物的花；百合科、兰科、薯蓣科、天南星科、石蒜科、莎草科、茄科、旋花科、桔梗科等某些植物的地下部分（球茎、块根、鳞茎、块茎、圆锥根），以及鸢尾科、蕨类植物的根状茎等，都是分类上的重要依据，有匍匐茎的植物应和新生的植株一并采下。

二、木本植物标本的采集方法

木本植物包括乔木、灌木以及木质藤本植物。采集木本植物应注意以下3个问题：

（1）木本植物树皮中的韧皮纤维大多很发达，采集时应该用枝剪或高枝剪只剪取局部茎叶、枝条、花和果实，不要用手去折，否则会撕掉部分树皮，不但影响标本的美观，而且还可能影响标本质量。

（2）有些木本植物，开花在发叶之前，例如杨、柳、榛、榆、金缕梅、木棉等。对这样的植物种类，应分春、夏2次采集，而且第二次采集时，应该在春天采过花枝的那株乔灌木上采集枝叶，这就必须在树上挂一个跟花枝标本号码相同的号牌，必要时，还可在记录册上确切记明该树所在的位置，以免弄错。

（3）有些乔木类植物的部分结构是分类的重要依据，如皂角属、杨树属植物主干或枝上的棘刺，要注意同时采下；如果是药用植物，则需采下该植物的一小块树皮或一小部分根。

三、水生植物标本的采集方法

水生植物，如金鱼藻、狐尾藻、眼子菜、浮萍等，植株纤细，把它们由水中取出后，枝叶会互相粘在一起，很难压制。对待这样的标本，在压入标本夹以前，要先将它们放入盛有清水的水盆内，使标本的各部分展开；然后用一张干净的16开或32开的道林纸放入水中标本的下方，缓缓向上将标本托出水外，使标本展开在道林纸上；最后，将标本连同道林纸一起压入标本夹中（将来压制时，也可以使标本与道林纸一起更换吸水纸）。

四、寄生植物标本的采集方法

种子植物中有些种类寄生在其他植物体上，叫寄生植物，如列当、菟丝子、锁阳、槲寄生、檀香、百蕊草等，这些植物跟它们的寄主有密切关系，应连同寄主一起采集和压制标本。特别是那些用寄生根寄生在寄主根上的种类（如列当）在采集时，应小心地将两者的根一起挖出，并尽量保持两者根的联系，以利于鉴定工作的进行。

五、大型植物标本的采集方法

有些植物如楤木、棕榈、芭蕉等，叶和花序都非常大，采集这样的植物标本，可用以下方法进行：

（1）如果标本的叶片大小超过了道林纸，但仅超过 1 倍长度时，可以不剪掉那部分，只需将全叶反复折叠，并在折叠处垫好吸水纸，放入标本夹内进行压制。

（2）如果是比上述叶更大的单叶，则可将 1 片叶剪成 2～3 段，分别压制，分别制成腊叶标本，但在每段上要拴一个注有 A、B、C 字样的同一号码的号牌。

（3）如果叶的宽度太大，则可沿中脉剪去叶的 1/2，但不可剪去叶尖。如果是羽状裂片或羽状复叶，在将叶轴一侧的裂片或小叶剪去时，要留下裂片和小叶的基部，以便表明它们着生的位置。还有，顶端裂片或小叶不能剪掉。

（4）如果是 2 回以上的巨大羽裂或复叶，则可只取其中 1 个裂片或小叶进行压制，但同时要压制顶端裂片和小叶。

（5）对于巨大的花序，可取其中一小段作为标本。大型植物的标本，由于只选取了叶和花序的一部分，野外记录就显得更为重要，必须详细记录，如叶片形状、长宽度、裂片或小叶数目、叶柄长度、花序着生位置、花序大小等，均应加以记录。

六、植物种子标本的采集方法

对于种子植物来说，除采用插条繁育等方法外，最重要的是用种子来播种育苗。为使播种的种子质量好、发芽率高、苗势健壮，留存好的植物种子就很有必要。因此，采集种子的方法一定要得当，应该保质保量地认真采集。采集植物种子的方法，主要包括以下几点：

(1) 选择母树

采集植物的种子，跟一般考察采集不同。首先要根据目的种子植物选择好母树。所谓"优树结良种，良种长好苗"。采集植物种子，要在优良的母树上采集，要选择生长势良好、壮龄、无病虫害的母株作为选采对象。

(2) 适时采集

要根据种子成熟和脱落的特点，适时采集成熟种子。"成熟"包括"生理成熟"和"形态成熟"。种子发育到一定时期，内部的营养物质积累到相当程度，种胚已具有发芽能力，是为"生理成熟"。但仅有生理成熟还不够，因为这时的种子含水分较多，种皮松软不坚，对外界的抗逆能力较弱，不易贮藏而影响其成活率，需要等待种子外部形态成熟时才可采集。种子的"形态成熟"，可根据其外部颜色、形状等来确定，如颜色由浅变深，种子含水量少，种皮致密而较坚硬，形态成熟的种子抗逆性比较强，易于加工贮藏。

大多数种子植物是先生理成熟，而后形态成熟。但也有少数种子植物，如银杏，则是先形态成熟，再达到生理成熟，这样的种子，在采收后要等一段时间，待其生理成熟时才具有发芽力。这种现象叫"生理后熟"。

有些种子植物完全成熟后会自行脱落，有些种子植物即使完全成熟也仍宿存在树上，为此，采集种子时要注意其种子完全成熟后的脱落方式。例如，杨、柳、榆、桦、杉、落叶松、泡桐等植物的种子，成熟后常随风飘散，这就要求在完全成熟后和开始脱落前适时采集；核桃、板栗、油桐等植物的种子，粒型较大，成熟后即行脱落，一般可以等它们自行脱落或以震击等方法使它们落下地面后收集；松柏、女贞、乌桕、樟、楠等肉质果实，成熟后色泽鲜艳，易引鸟啄食，需及时采收；油松、侧柏、国槐、刺槐、紫穗槐、白蜡、苦楝等植物的种子成熟后仍长期宿存在树上，虽然可以延期采集，但仍以适时采收为宜，以免日晒、雨淋、鸟食、日久影响种子质量，甚至散失。

(3) 操作要点

在只采优种、不采劣种的前提下，可以使用不同的工具采集林木的种子。常用工具有高枝剪、采摘刀、采种钩、采种镰，以及各种兜网、塑料薄膜等。有的专业采集备有软梯；林场采种作业可能还配备汽车升降机等。几种常用的采集工具见图。

采集种子植物应在晴天进行，雨天或雨后地面及树枝湿滑，操作不便，易出事故，而且雨淋后种实较湿，采下后容易发热霉烂。

采集时凡是能够用手采到的，一般不用工具；较高的可

几种常用的种子植物采集工具

用高枝剪、采摘刀、采种钩、采种镰等采取。一般学校组织的林间采种，需有辅导教师指导。野外采集要注意远离电线（尤其是高压线），尽量不要搭梯、攀树，以免发生事故。

为了收集落在地面上的种实，采集前要把母树周围丛生的杂草等适当清除，树下的枯枝、落叶、碎石等也需清理，还可以在地面铺上布幕或塑料薄膜，便于收集落下的种实。

收集种子时，应防止泥沙、土粒混入，并随手剔除干瘪、霉腐、虫蛀的种子。

采到的种子要按种子植物分别装进筐篓或麻袋中运回，每袋容量不宜过多，以免发热生霉。运回的种子应立即从袋（或筐篓）中倒出，薄薄地平铺在晒场上或凉棚下，并注意保持良好的通风。

七、标本的编号

采好的植物标本一定要及时编号。编号的方法是在号牌上写上号码，然后将号牌拴在标本的中部，号码要用铅笔写，以免遇水褪色。

标本编号时应注意以下几个问题：

（1）在同一时间、同一地点采集的同一种植物，不管多少份，都编同一号。同一时间、不同地点，或不同时间、同一地点采的同一种植物，都应编不同号。

（2）雌雄异株的植物，其雌株和雄株应编不同号。

（3）剪成 3 段的草本植物标本，应分别拴上同号的号牌，以免遗漏。

（4）盛装种子、花、果等标本的纸袋，也应放入号牌，其号码应和该植物标本的号码相同。

八、标本的记录

标本采集在野外进行记录是一项非常重要的工作，因为一份标本，当我们日后对它进行研究时，它已经脱离了原来的环境，失去了生活时新鲜状态，特别是木本植物标本，仅仅是整株植物体上极小的一部分。根据标本的这些特点，如果采集时不作记录，植物标本就会失去科学价值，成为一段毫无意义的枯枝。因此，必须对标本本身无法表达的植物特征进行记录，记录越详细越准确，标本的科学价值就越大。所以对记录工作要一丝不苟，认真对待，即使因采集而身体劳累，也要坚持做好记录。

记录应尽量在采集现场进行，做到随采随记，如果时间紧或有别的原因不能当时记录，也不要迟于当天晚上。

种子植物标本采集记录

采 集 号＿＿＿＿＿＿＿＿＿＿＿采集日期＿＿＿＿＿＿＿＿＿

产　　 地＿＿＿＿＿＿＿＿＿＿＿海　　拔＿＿＿＿＿＿＿＿＿

产地情况＿＿＿＿＿＿＿＿＿＿＿＿＿＿＿＿＿＿＿＿＿＿＿＿＿

　　　　＿＿＿＿＿＿＿＿＿＿＿＿＿＿＿＿＿＿＿＿＿＿＿＿＿

习　　 性＿＿＿＿＿＿＿＿＿＿＿＿＿＿＿＿＿＿＿＿＿＿＿＿＿

植　株　高＿＿＿＿＿＿＿＿＿＿胸　　径＿＿＿＿＿＿＿＿＿＿

花　　 期＿＿＿＿＿＿＿＿＿＿＿果　　期＿＿＿＿＿＿＿＿＿＿

树　　 皮＿＿＿＿＿＿＿＿＿＿＿＿＿＿＿＿＿＿＿＿＿＿＿＿＿

　　　 牙＿＿＿＿＿＿＿＿＿＿＿＿＿＿＿＿＿＿＿＿＿＿＿＿＿

　　　 叶＿＿＿＿＿＿＿＿＿＿＿＿＿＿＿＿＿＿＿＿＿＿＿＿＿

　　　 花＿＿＿＿＿＿＿＿＿＿＿＿＿＿＿＿＿＿＿＿＿＿＿＿＿

　　　 果＿＿＿＿＿＿＿＿＿＿＿＿＿＿＿＿＿＿＿＿＿＿＿＿＿

木　　 材＿＿＿＿＿＿＿＿＿＿＿＿＿＿＿＿＿＿＿＿＿＿＿＿＿

附　　 注＿＿＿＿＿＿＿＿＿＿＿＿＿＿＿＿＿＿＿＿＿＿＿＿＿

中　　 名＿＿＿＿＿＿＿＿＿＿＿科　　名＿＿＿＿＿＿＿＿＿＿

学　　 名＿＿＿＿＿＿＿＿＿＿＿＿＿＿＿＿＿＿＿＿＿＿＿＿＿

各项记录项目的填写方法如下：

采集号：一定要跟标本号牌上的号码相同。

采集日期：采集的实际日期，跟标本号牌上的日期相同。

产地：要写明行政区划名称、山河名称等。

海拔：本项记录很重要，因为每种植物都有自己分布的海拔高度范围，如果没有海拔计，可在事后向有关单位询问后补上。

产地情况：指植物生长的场所，如林下、灌丛、水边、路旁、水中、平地、丘陵、山坡、山顶、山谷等。

习性：指直立茎、匍匐茎、缠绕茎、攀缘茎等类型。

植株高：指用高度计测量出植株的高度。

胸径：指乔木种子植物的主干从地面往上到1.3米处的直径（此处相当一般人胸的高度，故名）。

花期：指开花的时间。

果期：指结果的时间。

树皮：记录树皮的颜色、开裂状态。

芽：记录芽的有无、位置等。

叶：主要记录毛的类型、有无，有无乳汁和有色浆液，有无特殊气味等。至于叶形、叶序，标本本身展现得很清楚，不必记录。

花：主要记录花的颜色、气味、自然位置（上举、下垂、斜向）等。至于花序类型、花的结构、花内各部分的数目，则不必记录。

果：主要记录颜色和类型（尤其是小型浆果和核果在干后彼此不易区分，必须将类型记录清楚）。

木材：主要指乔木、灌木、草本等。

科名、学名、中名：如果当时难以确定，可以在以后补记。

九、标本的临时装压

植物标本编号记录以后，要及时进行初步整理并放入标本夹。入夹前先将植株上的浮尘污物抖下或用湿布轻轻拭去，粘连在根部的泥土也要去净。然后摘除破败的叶片等，略作清理，再在标本夹的底板上铺垫5张吸水纸，把标本平放在吸水纸上，舒展枝叶，使叶片有正面也有反面。接着在标本上垫吸水纸 8 张，以后随放随垫。垫纸时要注意垫实垫平，上下层的植株根部要颠倒着放，以保持标本夹的压力均衡。

根部较粗、果实较大的标本放进标本夹加压时容易出现空隙，使部分枝叶受不到压力而卷缩皱褶，这时可用吸水纸将空隙填满垫平，再盖上盖板，加压扣紧，继续另采。

上面讲的是高度一般不超过 40 厘米的草本植物的处理方法。如植株较高，可将植物茎折曲成 N 或 W 形压放，高秆植物可先取下顶部的花，再截取根部和部分带 1~2 片叶的茎，如此分做 3 段制成标本。截取前要先量下整株的高度，以供鉴定参考。各种植物标本的临时压制方式见下图。

各种植物标本的临时压制方式

由于时间很紧，标本又很坚挺，向标本夹内放置标本时，不必讲求标本的整形，标本整形工作可留待正式压制时进行。

第六节　植物标本的制作方法

制作植物标本的方法很多，总的来说可分为浸制、干制2大类。

 一、植物标本液浸法

用液浸法保存植物标本，关键在于保色、防腐。植物标本浸液有以下几种：

(1) 普通标本浸液

用福尔马林50毫升、酒精300毫升，加蒸馏水2000毫升配制而成。这种浸液可使植物标本不腐烂、不变形，但不能保色。

(2) 绿色标本浸液

配方一：硫酸铜5克、水95毫升。

这种保存液适用于绿色植物和一切植物绿色部分的保存。植物放入硫酸铜液后，由绿变黄，再由黄变绿。这时取出材料，用清水漂洗干净，浸在5%福尔马林液内长期保存。

配方二：硫酸铜0.2克、95%酒精50毫升、福尔马林10毫升、冰醋酸5毫升、水35毫升。

先把硫酸铜溶于水中，然后加入配方中的其他组分。绿色标本能长期地贮存在该液中。

配方三：醋酸铜15~30克、50%醋酸100毫升。

在50%醋酸中逐渐加入醋酸铜，直到饱和。适用时取原液1份，加水4份，即成稀释的醋酸铜溶液。这种保存液适用于表面有蜡质、蛙质、质地较硬的绿色植物保色。加热稀释的醋酸铜溶液，放入植物，轻轻翻动，到植物由绿转黄再转绿色时取出植物，用清水漂洗后，浸入5%福尔马林液内保存。

(3) 黑紫色标本浸液

福尔马林500毫升，饱和氯化钠溶液1000毫升，再加蒸馏水8500毫升，待静止后将沉淀滤出，即可做浸液保存黑色、紫色及紫红色植物标本，如保存黑色、紫色、紫红色葡萄等标本效果较好。

另一种方法是用福尔马林10毫升、饱和盐水20毫升和蒸馏水175毫升混合而成的浸液，经试用对紫色葡萄标本有良好的保色效果。

（4）白色或黄色标本浸液

用饱和亚硫酸500毫升、95%酒精500毫升和蒸馏水4000毫升配成溶液，此液有一定的漂白作用，液浸后标本较原色稍浅一些，但增加了标本的美感，用以浸制梨的果实标本效果较好。

（5）红色标本浸液

配方一：甲液——硼酸3克、福尔马林4毫升、水400毫升；乙液——亚硫酸2毫升、硼酸10克、水488毫升。

把红色的果实浸在甲液里1~3天，等果实由红色转深棕色时取出，移到乙液里保存，同时在果实内注入少量乙液。

配方二：氯化锌2份、福尔马林1份、甘油1份、水40份。

先把氯化锌溶解在水里，然后加入配方中其他组分。溶液如果浑浊而有沉淀，应过滤后使用。红色果实能在此液中保存。

二、植物标本干制法

浸制的瓶装植物标本在使用、移动、保存、对外交流等方面有很多不便，所以大多数还是采用干制法制作标本。干制方法很多，其中以腊叶标本最为普遍。

（1）腊叶标本的制作

植物或植物的一部分通过采集，压制，上台纸，标明采集时间、地点，定了学名后成为标本，称为腊叶标本。"腊"，就是"干"的意思，新鲜的植物体，经过压制，失去了水分变成了干的，腊叶标本就初具规模了。腊叶标本是保存植物最简单的方法，是学习和研究植物分类学所不可缺少的材料。

腊叶标本的制作省工省料，便于运输和保存，是最常使用的一类植物标本。从野外采来的种子植物，主要用于制作腊叶标本。腊叶标本的制作包括以下几个步骤：

①装压

采回的植物要当天整理。把采集来的标本，一件一件地撤去原来的吸水纸，同时在大标本夹的一片夹板上，放上3~5张吸水纸，把撤去吸水纸的标本放在准备好的标本夹上，标本上再放3~5张吸水纸，纸上再放标本，使标本和吸水纸互相间隔，层层罗叠。

整个过程要注意去污去杂，保持标本干净整洁，并仔细调理标本姿态。过于重叠的枝叶可以适当摘去一些，花、叶要展平，叶片既要有正面的，也要有背面的。整个标本夹的标本全部整理后，可在标本夹上压几块砖、石，只有压力重而均匀，才能达到使标本平整和迅速干燥的目的。

②换纸

标本压入标本夹以后，要勤换纸，换纸是否及时，是标本质量好坏的关键。勤换纸能使标本迅速脱水，对保持标本的色、形有重要的作用。反之，换纸不勤，加压不大不匀，易使标本退色、变形，甚至发皱、生霉。初压的标本水分多通常每天要换纸2~3次。第3天以后，每天换1~2次，通常7~8天就可以完全干燥。换下来的吸水纸放在室外晾干，可以反复使用。为了快速干制标本，也有用电热装置烘干的，效果也很好。

③整形

在第一次换纸时，要对标本进行整形，否则枝叶逐渐压干就不便调理了。具体做法是尽量使枝叶花果平展，并且使部分叶片和花果的背面朝上，以便日后观察研究。如有过分重叠的花和叶，可剪去一部分，这个与初次整理不同，需要保留叶柄、叶基和花梗，以使人能看出剪去前的状态。

以上三步是腊叶标本的压制过程，此过程必需注意以下方面：

● 标本的大小适当，美观，否则，可将叶片等折叠或修剪至与台纸相应的大小。

● 压制标本时要尽量使花、叶、枝条展平、展开，姿势美观，不使多数叶片重叠。若叶片过密，可剪去若干叶片，但要保留叶柄，以便指示叶片的着生位置。

● 压制的标本要有叶片的正面，也要有部分叶片展示反面，以便于观察。
- 茎和小枝在剪切时最好斜剪,以便展示和露出茎的内部结构。
- 落下来的花、果或叶片,要用纸袋装起,袋外写上该标本的采集号,放在标本一起。
- 标本夹中的标本位置,要注意首尾相错,以保持整叠标本的平衡。否则,柔嫩的叶片、花瓣等可能会得不到压力而在干燥时起皱褶。
- 有的标本花果比较粗大,压制时常使纸突起。花果附近的叶因得不到压力而皱折,可将吸水纸折成纸垫,垫在凸起处的四周,或将这样的果实或球果剪下另行风干,但要注意挂同一号的号牌。
- 在标本压入吸水纸中时注意解剖开一朵花,展示内部形态,以便以后研究。
- 标本与标本之间,须放数页吸水纸(水分多的植物,应多加吸水纸),然后压在压夹内,并加以轻重程度适当的压力,用绳子捆起后放在通风之处。
- 换干纸时应对标本进行仔细整理,换干纸要勤,并应在以后换纸时随时加以整理。
- 已干的标本要及时换成单吸水纸后另放在其他压夹内,以免干标本在夹板内压坏。
- 多汁的块根、块茎和鳞茎等不易压干,可先用开水烫死细胞,然后纵向剖开进行压制。肉质多浆植物也不易压干,而且常常在标本夹内继续生长,以致体形失去常态,也应该先用开水烫死后再进行压制。裸子植物的云杉属标本,也要先用开水烫死,否则叶子极易脱落。
- 有些植物的花、果、种子在压制时常会脱落,换纸时应逐个捡起,放入小纸袋内,并写上采集号,跟标本压在一起。

④认真观察标本的形态特征

在野外采集时,时间匆忙,同学们对所采集的每份标本的形态特征,只能大致了解,这就必须利用压制标本的机会,对每一份标本进行详细的解剖观察。因此,压制标本的过程,也是一个反复观察标本的过程。

在观察标本的形态特征时，务求仔细、全面，并且要着重观察花、果的形态特征。如果有的标本上的花、果细小，肉眼看不清楚，可以将野外用广口瓶盛装的花、果标本，在解剖镜下解剖观察。对每种标本的观察结果，应该用形态学术语将采集记录表记录完全，用作以后标本定名的依据。

⑤消毒

标本压干以后，应该进行消毒，以杀死标本上的害虫和虫卵。消毒时，先将盛有四氯化碳的玻璃皿放入消毒箱内铁纱下方，再将已压干的标本放在箱内的铁纱上，关闭箱盖，利用气熏的方法将害虫杀死，约5~6天后取出，即可进行装帧了。

⑥固定

已经压干、消毒的标本，需固定在台纸上保存。台纸选用白色较厚的白板纸，一大张白板纸可按8~9开裁成若干小张，每张纸面的长宽在36厘米×26厘米左右。

把植物标本固定在台纸上的具体操作方法如下：

a. 合理布局——把标本放在台纸上，根据标本的形态，或直放，或斜放，并留出将来补配花、果以及贴标本签的余地，做到醒目美观，布局合理。

b. 选点固定——根据已放好的标本位置，在台纸上设计好需要固定的点。固定点不宜过多，主要选择在关键部位，如主枝、分杈、花下、果下等处，能够起到主、侧方向都较稳定的作用。

c. 切缝粘条——为了使标本固定在台纸上，同时又不因此而影响美观，可以选用细玻璃纸条来固定标本，在一定距离内几乎看不到有明显的固定点痕，这对于保持标本的完整美观、持久性等方面都有良好的效果。

白茅根的五点固定

用玻璃纸条固定标本，先得将无色透明的玻璃纸（不一定买整张玻璃纸，可利用各种商品包装的玻璃纸）剪成2～3毫米宽、4～5厘米长的细玻璃纸条。然后在已确定固定点位的台纸上，用锋利刀片切一个长约5毫米的缝隙。各个固定点不要同时切缝，而是固定一点再切下一点，并且第一次的固定点要选择在标本枝条的关键部位，也就是先固定主枝（茎），接着再固定旁侧枝。每次下刀切缝前要认真考虑好，不要切后又改变位置再切而影响台纸的整洁美观。一般来说，除先固定主枝（茎）外，其他各固定点的次序，可根据标本的具体情况，如枝叶的扩展、扭曲等来确定。

固定点切好缝后，用小镊子夹住玻璃纸条的一端轻轻穿过切缝，从台纸后面拉出少许；如用小镊子夹穿不便，还可配用刀尖轻轻塞穿。接着，将玻璃纸条的另一端横搭过要固定的枝（茎）并穿过同一切缝从台纸的背面拉出。此时，台纸的背面已有两个纸端，可用小镊子夹住拉直拉紧，边拉边看台纸正面被固定的枝（茎）是否已被拉紧紧贴到台纸面上，然后再将玻璃纸条的两端左右分开，涂些胶水，平整地粘在台纸的背面。至此，这个固定点已经固定完毕，再依此分别固定其他各点。

台纸背面的固定

⑦加盖衬纸

为了保护标本不受磨损，通常要在固定完好的标本上加盖一张衬纸。考虑到取用方便，可选用半透明纸，既可防潮，又耐摩擦。衬纸宽度与台纸宽度相同，只是在固定的一端稍长出台纸4～5毫米，用胶水涂在台纸上端的背面，然后把衬纸的左、右、下各边与台纸对齐，把上端长出的4～5毫米纸折到台纸背面贴齐粘平即可。

用一般无色透明的玻璃纸做衬纸，透明度虽好，但粘着后遇潮易生皱褶，不宜使用。近年来用塑料袋封装各种标本，保存效果也很理想。

采集号_____	采集地点_____
中 名_____	别 名_____
学 名_____	
科 名_____	
采集者_____	采集时间_____
鉴定人_____	鉴定时间_____

植物鉴定标签

⑧定名贴签

对标本进行检索鉴定，确定标本的中名、学名和科名，叫做定名。将定名的结果填写到标本签上，如上图所示，并将标本签贴在台纸的右下角。至此，一份腊叶标本就制作成了。

（2）盒装植物标本的制作

对于已经压干的植物标本，除了可以固定在台纸上使用、保存外（即上述的腊叶标本），还可根据需要装入标本盒内，其制作方法如下：

①制备纸盒

根据标本的大小，预先制备出各种尺寸的标本盒。为了便于存放或展出，各种标本盒

植物腊叶标本实物图

的规格最好统一。标本盒通常是用较厚的草板纸制成，分盒盖和盒底两部分，盒盖上面镶有玻璃，盒边四周糊以漆布或薄人造革、电光纸等。也可以去专门的地方购买合适的标本盒。

②垫棉装盒

植物标本装盒以前，先在盒底放些防腐、防虫的药剂，如散碎的樟脑块、樟脑粉等。

如果是玻璃面的标本盒，还需要在盒底垫上棉絮；垫棉质量的好坏直接影响标本的成品美观。盒内所垫棉絮通常选用医用脱脂棉。市售普通脱脂棉的纤维压得比较紧，需经加工才能垫用。垫棉时要一把一把地用手将棉纤维拉顺，随拉随铺，铺齐铺平，切不可杂乱铺垫。所铺垫的棉絮至少要高出盒底厚度4倍左右。

③置放标本

把标本按适当布局平放在棉层上，加配的花、果等也一并置于适当的位置。棉层的右下方放好植物标本签。

玻璃面标本盒

④盖盒封装

把玻璃盒盖平稳地盖向盒底，盖盒过程中随时注意调理标本不使移动位置。然后在每盒边上插入2～3枚大头针，将盒盖固定牢靠。

（3）胶带粘贴标本的制作

为了满足传阅学习的需要，有些植物标本可用透明胶带粘贴，以利于传阅、保存。

①选择植物

宜选取含水分较少的枝、叶、花等。含水分多的植物如仙人掌类的茎、花等不易脱水，容易霉烂，不宜采用此法。

②加工整形

盒装植物标本

小型的开花植物，可略加整理，拭去浮尘，摘掉重叠的不必要的旁枝侧叶，即可准备粘贴。

枝干较粗的，可用解剖刀将枝干纵向剖去一部分。剖面要削平，以便上纸粘贴。

花朵较大的,可将花的下半部分用解剖刀去薄切平,只留完整的正面,以便粘贴胶带。也有将花朵全部剖开只粘贴花瓣、花蕊等部分结构的。

③衬纸粘贴

为了衬托花、叶颜色,先根据花、叶的原色准备好相应的颜色的电光纸,例如红花就以红色电光纸做衬纸,绿叶就以绿色电光纸做衬纸,把花、叶等分别放在不同颜色的电光纸上,用适当宽度的透明胶带自上而下地压住,如下图所示。

标本放在电光纸上　　　　　粘上胶带

1.红色电光纸　　2.绿色电光纸　　3.透明胶带

衬纸粘贴

用圆头镊子尖沿着花、叶边缘把透明胶带各压一周圈,使胶带边缘紧紧压在电光纸上。再用弯头小剪刀把已压好的花、叶紧靠边缘剪下。剪下的花、叶标本,可在衬纸背面涂上胶水,根据标本的大小另粘在不同尺寸的台纸上,然后加贴标本签,放入书页或植物标本夹内,几天后即可取出存用。

请注意,同学们买来的透明胶带宽窄不一,有的1厘米左右,也有3～5厘米的,可多备几种,根据需要选用。透明胶带要注意妥善保存,最好放在洁净的塑料袋内,防潮、防热、防尘,保持胶带的洁净透明。

(4) 叶脉标本的制作

叶脉标本可以用来观察叶片的输导组织,制作后又常用颜料染色作为书签,因此又称叶脉书签标本。对植物的叶片加工处理,除去叶肉即可制成叶脉标本。制作方法如下:

①煮制法

a. 选采叶片：宜选用叶形美观、质地较坚韧、叶脉网络较密而深刻的叶片，如杨树叶、桂花叶、榆树叶等。薄嫩的或行将干枯的叶片不适宜。最好在深秋季节，叶片初黄较老时采叶，采集的叶片要求完整，无机械损伤，未受病虫侵害。比如，生有褐锈病斑的叶片，煮后脱去叶肉，由于残留的病斑不易脱净，常给操作带来麻烦，这样的叶片就不能采用。

b. 除去叶肉：往烧杯里放5克碳酸钠和8克氢氧化钠，加水1000毫升配制成溶液，用玻璃棒调匀，加热使之沸腾，然后把用清水洗净的叶片投入烧杯。为了把叶片煮匀并防止把叶柄煮坏，可以把叶柄用铁夹子夹住，每个铁夹子上平行地夹着5~6片叶子，用铁丝吊着放进烧杯，叶片浸入溶液，叶柄则悬起在溶液之上，这样既免去了叶片的互相粘连而浸煮不匀，又可以使叶柄免遭不必要的浸煮。浸煮叶片的火候要掌握好，浸煮时间要适当。根据火力的大小和叶片的质地，一般在煮过10余分钟后，要从烧杯中取出1片放在清水盘里，用棕毛刷轻轻拍打几下，看看叶肉的剥脱情况，如果叶肉已经达到易于脱下的程度，就应该马上停火。经验表明，浸煮到叶片表面出现大小不一的凸泡时，就是叶肉容易剥脱的时刻。煮好的叶片放入清水盘，漂净药液和脱下的叶肉残渣。这时叶肉大部分还没有脱离叶片，需要另换一个清水盘，盘内斜放一块玻璃板（或小木板），一半浸入水中，一半露出水面。接着把单张的叶片平展在露出水面的玻璃板（或小木板）上，用棕毛刷轻轻拍打叶片，把拍打下来的叶肉冲入水盘内。拍打叶片要反正面拍打，最好先拍打反面，然后翻过来拍打正面。拍打时不可用力过猛，尤其是靠近叶柄的部位，更得轻轻拍打，以免打破叶脉，打断叶柄。

c. 着色处理：为使叶脉着色鲜艳均匀，染色前要先行漂白，放在10%~15%的双氧水中浸泡2小时左右，叶脉即退色变浅，接着把漂白后的叶片放到清水中冲洗，取出后放在吸水纸上吸去残余的水分，然后平放在玻璃板上，调好染料进行着色。染料可选用染布颜料或染胶片用的透明颜料，也可用彩色水笔所用的颜料，颜色可任意选择。如用水彩笔颜料，可直接均匀滴在叶脉上，不用笔刷或浸染，叶脉即可良好着色。把已着色的叶脉放在吸水纸上，或夹在废旧书页内阴干压平，即成为一种颇有特色的叶脉标本。如在叶柄上系一条彩色小丝带，它又成了一叶别致的"叶脉书签"。

②水浸法

将叶片浸入缸（罐）内水中，水要浸过叶面，置于温暖处浸沤。由于水中杂菌不断污染叶片，叶肉逐渐变腐，视叶肉腐变程度，当它已易于脱落时，即可按上述煮制法中用棕毛刷拍打叶片的方法脱去叶肉。接着漂白、着色，操作方法和步骤均与煮制法的相同。

③腐烂法

适合夏季。将新鲜叶片浸入水中，利用细菌作用使其腐烂，一般需半个月左右。浸的时间与气温、叶片质地均有密切关系。气温高，叶片薄，时间1周左右；气温低，叶片厚，时间则长些。叶肉腐烂后在水中轻轻刷去，就可漂白。浸渍时还要注意换水。

用漂白粉8克溶于40毫升水中配成甲液，用碳酸钾5~8克溶于30毫升热水中配成乙液，然后再将两液混合搅匀，待冷却后，加水100毫升，滤去杂质，制成漂白液备用。漂白时将叶脉标本浸入漂白液片刻，再取出用清水漂洗干净。最后按照煮制法的着色操作方法进行后处理即可。

(5) 立体标本的制作

立体标本是一种即使标本脱水便于保存，又保持它新鲜时候立体状态的标本，可以供陈列展览和直观教学用。它的制作方法有两种。

①硅胶埋藏法

事先要准备好干燥箱、真空抽气机、真空干燥器、硅胶等，把干燥箱定温在41℃~42℃备用。取真空干燥器，在它的底部铺上3厘米厚的硅胶（硅胶事先要粉碎成小米粒大小）。然后把选择好的新鲜植物标本立在真空干燥器里，把事先准备好的硅胶慢慢倒入，边倒边用镊子整理植物，尽量保持原形。等到硅胶把整个植物标本全部埋藏起来以后，在真空干燥器边缘涂上凡士林，盖好盖子。

把这个真空干燥器放入事先定好温度的干燥箱里，通过干燥箱的上口，为真空干燥器接上抽气机的橡皮管，进行抽气。大约3小时以后，把真空干燥器的门关上，停止抽气，干燥箱继续保持恒温4~5个小时，然后切断电路，在箱里温度下降到室温的时候，取出真空干燥器。

把真空干燥器的阀门打开，让空气进去，然后取下盖子，擦净凡士林，慢慢把标本倒出来。

由于标本在恒温和真空条件下迅速失水干燥，所以基本保持了鲜活时候的颜色。为了使标本鲜艳生动，可以用喷雾器喷洒5%的石蜡甘油溶液。

②细沙埋藏法

取细而匀的河沙，用水洗净并且烤干。制作的时候，先把新鲜标本放在一个体积适合的盒里，按硅胶埋藏法的方法，把沙小心填满标本周围。填好以后，放在阳光下或者火炉旁，大而多汁的标本，一般需要7~8天，小标本1~2天就可以干燥。干燥以后的植物标本，必须小心取出，防止叶、花脱落，还要用毛笔刷掉粘在标本上的细沙，最后也可以喷洒石蜡甘油溶液。这样干制的植物标本，虽然色泽会有所变化，但是方法简单，容易制作。

三、种子标本的制作

种子标本都是风干而成的。风干标本是将新鲜的植物材料置于空气流通的地方，让它风吹日晒，自然干燥而成的标本。除种子以外，某些制成腊叶标本时不易压干的植物，如向日葵花盘、石蒜鳞茎、鳄梨等，一般都制成风干标本。

风干标本常用于生物学教学和农业科学研究。例如识别水稻珍珠矮和矮仔黏的形态特征等，就要两者的全株、稻穗、谷种等制成风干标本，以比较株高、有效分蘖、穗长、种子大小等。风干标本也可用于比较不同栽培措施对棉花、油菜等作物的影响。这就要将各种栽培措施的棉花、油菜的全株风干，以比较株高、分株、结铃、结荚等。

种子风干标本的具体做法是：采集成熟的果实，除去果皮（锦葵科、豆科、十字花科等干果类），或洗去果肉（蔷薇科、茄科、葫芦科、芸香科、百合科等肉果类），再将获得的种子置阳光下晒干，待充分干透后，分别装入种子瓶内保存,并贴上标签,分类排列于玻璃柜里。制作时要注意保持不同植物种子的固有特征,如槭树、榆树、紫檀、黄檀等种子的翅,蒲公英、棉花、大丽菊、万寿菊等种子的种毛等。风干标本也要求干燥越快越好,遇上连日阴雨,则应用45℃烘箱烘干,或接在炉旁烘干,以防腐烂发黑。

标本风干后一般都会干瘪收缩,失去原来形状,颜色也有所改变,因此风干前后应做好详细记录。制成的风干标本要及时保存在瓶里,贴上标签,分类别有次序地陈列在橱柜里。大的植株可用塑料薄膜套住,密封保存。雨季因空气潮湿,要经常检查,以免霉烂。

第七节 植物标本的保存

植物标本的使用范围很广,种类繁多,制作方式各异,所以在保存、管理方面也就有不同的要求。但有一个最基本的要求,要在一定的条件下和相当的时期内,使保存的标本在形态、结构方面完整无损。

为此,不论是浸制还是干制的植物标本,在保存期间,主要都应着重抓好防潮、防腐、防虫、防晒,以及全面性的防尘、防火等,这样才能既保存了局部的标本,又便于全面的安全贮藏。尤其是对某些珍稀标本,更应倍加珍惜、爱护。

一、浸制植物标本的保存

浸制植物标本保存的重点应放在浸液和封装两方面。

(1) 定期观察浸液情况

浸制标本要经常注意容器内的标本浸液是否短缺或混浊变质,如有短缺或混浊变质,需及时查明原因,究竟是塞盖损裂还是封装不严,然后添换标本浸液,换去已损裂的塞盖或重新严密封口。

装在一般玻璃瓶(管)内的浸制标本,瓶塞多是软木或橡胶制品,塞头接触浸液时间一久，就会老化变质而污染浸液和标本，因此，浸液不应装得太满，要与瓶塞隔开适当距离。例如，存放在指形管的小型标本，其浸液只装到管内容量的2/3即可。

（2）严密封装瓶口

浸制标本的玻璃瓶（管）通常用石蜡或凡士林封口。封口时先把瓶口和瓶塞擦干，略加预热，再把瓶塞浸入熔化的石蜡，瓶口也刷些热石蜡，然后趁热塞紧瓶塞，并在封口处用热石蜡补封一次，涂匀涂平，封口即告结束。为了复查瓶口是否封严，可将瓶体稍作倾斜，如在封口处发现有浸液外溢，即表示封闭不严，应立即查明原因，采取补救措施。

为了使瓶口封装更严，可在已经蜡封的瓶塞处蒙上一小块纱布，并再均匀涂上一层热蜡。

此外，还须注意，各种浸制标本，宜集中放在避光处的柜橱内长期保存，要避免反复移动或强烈震动。

二、干制植物标本的保存

各种干制标本的保存方法基本相同，但是由于制作、使用等方式方法的不同，它们的具体保存方法并不完全一样。

（1）腊叶标本的保存

腊叶标本的保存要点，主要是防潮、防晒、防虫。标本的数量不多时，可放入打字蜡纸的空纸盒内，盒边贴上小标签，说明盒内标本所属的科、属，即可集中放入普通文件柜内保存；数量较多，准备长期保存的腊叶标本，应放入特制的腊叶标本柜内。

腊叶标本柜是一种木制标本柜，分上、下2节，双开门。每节左右各有5大格，每一大格内又分5小格，小格板为活动拉板，可以调节上下间距。上节底部的隔板也是活动拉板，便于在取标本时把标本暂放在拉板上。标本柜的高度，主要是考虑取放方便，以伸手可得为度。一般柜的高度为200厘米，宽为70厘米，深为45厘米。在每一小格板的左右边角处，钻几个手指大小的孔，利于柜内防腐、防虫剂的气味得以在柜内流通。为严密柜门，可在柜门的边框上加粘绒布条。四扇柜门的正面各镶一金属卡片框,把柜内所存标本按分类标准(科、属、种等)写在卡片上。

放入柜内的标本,要经常或定期查看有无受潮发霉或其他伤损现象,以便及时进行调理。注意流通空气,添换防腐、防虫剂,室内严禁烟火,注意防尘。

(2) 种子标本的保存

作为植物种子的标本,应选择那些成熟、饱满、完整、特征典型的种粒,并在充分干燥以后再保存。

一般展览用的种子标本,多是放在玻璃制的种子瓶里,瓶外加贴标本签。也可将各种种子分装在小玻璃瓶(管)内,封好口,贴上小标本签,然后装在玻璃面标本盒中展出。

如果需要长期保存,可以将种子分装在牛皮纸袋内,袋外用铅笔注明标本名称或加贴标本签,然后放进种子标本柜保存。标本柜的样式与苔藓植物标本柜的相同,管理方法也同苔藓植物标本一样。

(3) 胶带粘贴标本的保存

用透明胶带粘制的各种植物标本,应针对胶带的特性和标本的处理方式采用相应的保护措施,才能保证标本经久不褪色、不皱褶、不开胶。其保存要点简介如下:

①展平压放——胶带粘制的各种植物标本,多是采用新鲜未干的实物粘制,所含水分多从背面底纸上逐渐散出,因而易使底纸肥潮变皱。为此,粘制后需根据标本的大小厚薄,分别展平夹压在植物标本夹、书册、玻璃板下或硬纸夹内。

②干湿适度——胶带粘制的各种标本不可放在过于潮湿或燥热的地方。过于潮湿,胶带和底面的衬纸容易受潮变皱发霉;过于燥热,容易由胶带的边缘开始向内干裂脱胶。因此,保存此类标本要注意放在干湿适度的地方。

③避光防尘——胶带粘制的各种植物标本同其他生物标本一样不可让日光直晒。由于胶带不仅易于吸附污尘,而且一旦吸附了污尘,就很难去掉。尤其是胶带的边口部位黏性较大,沾染污尘之后常会出现黑边,很不

美观。

④随时维修——为了防止胶带粘制的植物标本开胶变形，以及其他诸如胶布污秽不洁、标本受潮发皱等现象，要在取用之后及时检查有无异常，并及时予以维修。保存期间，不可久置不管，一旦发现胶带微有开胶，黏性尚未失效，就要马上给予粘合，以便有效地保护标本的完整无损。此外，对于平时备用的胶带要多加爱护，防止受潮、受热、沾染污尘；操作时不要把胶带放在污秽不洁的桌面或其他器物上；胶带用毕要放在塑料袋内保存。

（4）立体标本的保存

把制好的立体标本放入体积相当的标本瓶里保存。为了避免标本吸湿，瓶里应该放入硅胶，并且密封瓶口。

第三章 孢子植物标本的采集与制作

在植物界，除种子植物外，还有蕨类、苔藓、地衣、真菌、藻类等类群，它们统称为孢子植物。孢子植物的各个类群，由于形态、结构、习性和分布差别很大，植物采集和标本制作的方法就各不相同，活动开展也因而有难有易。本章按照从易到难的顺序，对上述 5 类孢子植物分别进行介绍。

第一节 蕨类植物标本的采集和制作

蕨类植物是孢子植物中进化水平最高的类群之一。全世界共有 12000 余种，其中绝大多数为草本植物，在我国生长的有 2600 余种。

蕨类植物的孢子体和配子体都能独立生活，它们的孢子体的体型大，有根、茎、叶的分化；而配子体不但体型微小，而且结构简单。我们平时所见的都是它们的孢子体。蕨类植物分类的主要依据是孢子体的形态特征，对配子体的特点，分类中很少采用。

一、蕨类植物的种类和分布

蕨等植物分类很广，地球上除海洋和沙漠外，凡平原、高山、森林、草地、岩隙、沼泽、湖泊和池塘，都有它的踪迹。由于生存环境多种多样，蕨类植物分为土生、石生、附生、水生等 4 大类型。

（1）土生蕨类：大部分蕨类为土生种。在土生种类中又分为旱生种、阴生种和湿生种。旱生种类多生于被破坏的森林和干旱的荒山坡上，如常见的蕨。阴生种多生于阴湿的林下，如蹄盖蕨科、鳞毛蕨属。湿生种多生长在溪流旁或沼泽地带，如木贼科、金星蕨科。

（2）石生蕨类：石生蕨类生长在岩石缝隙中，非常耐旱，如卷柏科的卷柏。

（3）附生蕨类：附生蕨类大多生活在热带雨林中的乔木上，如巢蕨。

（4）水生蕨类：水生蕨类的种类不多，都生活在淡水中。它们当中有的漂浮在水面上，如槐叶萍、满江红等；有的则是整个植物体沉入水中，如水韭属。

二、蕨类植物标本的采集

（1）采集工具

①小抄网（用纱布或尼龙纱制作）：用于采集水生蕨类植物。

②掘铲或小镐：用于挖掘蕨类的地下茎。

③采集袋：用于盛装全部采集用具用品和标本。

④塑料袋（大小各种型号）：用于临时保存标本。

⑤大、小标本夹和吸水纸：用于装压标本。

⑥野外记录册、铅笔、标本号牌和钢卷尺：用于记录标本。

（2）采集方法

蕨类植物营养器官的结构、大小和质地，均和种子植物接近，因此，采集方法与种子植物的采集类似。但应注意以下几点：

①采集地点。大多数蕨类植物性喜阴湿，多生活在阴湿地方，所以采集时，应多到阴坡、沟谷和溪流旁寻找。

②采集的标本要完整。标本的完整性主要指以下两个方面：

a. 根、茎、叶要完整。在蕨类植物中，绝大多数是真蕨纲植物，而真蕨纲植物大多没有地上茎，茎生在地下，叶大多为羽状复叶，单叶的种类很少，同学们常误将羽状复叶的总叶柄看成地上茎，将复叶上的羽片或小叶看成一片片叶，因此在采集时，往往只揪一片叶。要指导同学们将一株蕨类植物的根、茎、叶采全。

b. 标本要具备孢子叶或营养叶上具备孢子囊群。孢子叶和孢子囊群是蕨类植物分类的重要依据。有些蕨类植物如荚果蕨，叶有营养叶和孢子叶之分，对这样的种类，须同时采集两种叶；有些蕨类植物，如蕨只有营养叶，但营养叶生长到一定时期，在小叶背面出现许多孢子囊群，对这样的种类，要采集带有孢子囊群的叶。所以，蕨类植物的采集有时间性，即必须在出现孢子叶或营养叶上出现孢子囊群时进行采集，在北方，这时间大多是盛夏季节。

③采集的标本要尽快放入小标本夹中压好。由于蕨类的叶大而零散，而且生于阴湿环境，叶面角质层薄，质地柔软。这样的标本如果在阳光下放置时间过久，或在采集袋中反复挤压揉搓，就会萎蔫变形，小叶重叠，给标本压制工作带来很大困难。因此，采集后最好立刻放入小标本夹中压好。万一做不到这一点，也应该放入大塑料袋中暂时保存。一般标本在塑料袋中只能保存3~4小时不萎蔫，所以不能存放时间过久。

④作好采集记录工作。蕨类标本采集后，应及时编号和记录。其采集记录表的格式见下表。

蕨类植物采集记录表

号数	日期
采集人	
产地	
海拔高度	
生活型	环境
高度	
茎	
营养叶	
孢子叶	
孢子囊群	
科名	
学名	
中名	
其他	

三、蕨类植物标本的制作

（1）腊叶标本

采集的蕨类标本主要以腊叶标本的形式保存。其腊叶标本的制作方法，与种子植物的腊叶标本的基本相同。但在制作过程中应注意以下两个问题：

①标本压制时，要将叶进行反折，使背腹面都能展现出来，以便能同时观察叶的背腹面形态特征，尤其是营养叶背面生长孢子囊群的种类，更要将其背面在台纸上展现清楚。

②羽状复叶如果过大，可以折叠，经过折叠还大时，可剪取部分小叶进行压制，但要将整个的形态在采集记录册中详细记录。

（2）乳胶粘贴法

随着工业的发展，越来越多的化学合成黏合剂可以用来喷涂粘制植物标本，例如，乳胶。乳胶粘贴法在保持标本完整性以及使用、保存等方面都有良好的效果。其中有用聚苯乙烯颗粒兑水隔热加温制成糊状物来涂刷植物标本的，也有用醋酸乙烯乳液刷粘植物标本的，一般用醋酸乙烯乳液刷粘植物标本效果较好，它的主要优点是取材方便，操作简便，黏力较强，透明度高，并有速干的特点，故此乳胶粘贴法又被称为"快速制作法"。

醋酸乙烯乳液即市售"乳胶"，一种乳白色的乳状胶合剂，是黏合木材的常用品。用它粘制植物标本，不足之处是对花的保色较差，甚至变色，但对一般植物的茎（枝）叶来说，它既可保色，而且干后能使青枝绿叶的植物标本显得更加光亮鲜嫩。

用乳胶粘贴法制作蕨类植物标本的具体操作方法如下：

选取带有孢子囊的蕨类植物叶或连同根状横茎一起挖出的整株标本，除去茎、叶上的浮尘，清理整洁后放在台纸上（如叶部太长，可折成 N 形或 W 形）。如需制作大型整株标本，则放标本的大张台纸要固定在三合板（或五合板）上。适当地翻过一些叶片，使标本上的叶片既有正面的，也有反面的。

用毛笔或小平板毛刷醮上乳胶，在叶柄下面的台纸上涂刷一层乳胶，随即把叶柄向下压粘在台纸上；对于带有横茎的标本，也需同样处理。接着，自下而上一片一片地掀起叶片，用乳胶固定在台纸上。整个标本用乳胶固定后，再在叶面、叶柄和横茎表面涂刷一层乳胶，10 余分钟后乳白色的胶层逐渐变干，形成一层平整光洁的透明薄膜，标本就显出光亮鲜嫩的外观。小型标本可在小张台纸上加贴标本签，大型标本则需另加适当字形的专题标注。

涂刷标本表面的乳胶时，也可连同整个台纸一起刷乳，效果很好，但需注意刷胶均匀，以防台纸发皱，刷胶后还要加压使之平整。

用这种方法制作标本，特点是速制速成，平整光洁，适用于课堂教学或提供科普展览。保存时最好在上面盖一张黑纸防止长期曝光褪色。此外还要注意防潮、防水。

四、蕨类植物标本的保存

蕨类植物标本的保存和一般干制植物标本的保存方法基本类似，在此不赘述。

第二节　苔藓植物标本的采集和制作

苔藓植物是一群形体较小的高等植物，没有真正根、茎、叶的分化。全世界有 23000 余种，我国有 2800 多种。苔藓植物的营养体即配子体，它的孢子体不能独立生活，寄生或半寄生在配子体上。

一、苔藓植物的种类和分布

苔藓植物的适应性很强，分布广泛，在高山、草地、林内、路旁、沼泽、湖泊乃至墙壁屋顶，都有它的分布。根据生境的不同，可把苔藓植物分为水生、石生、土生、木生等 4 大类型。

(1) 水生苔藓：由于水生环境多种多样，不同水生环境又生长着不同的苔藓植物，在有机质比较丰富的水中，有漂浮的浮苔属、钱苔属；在流水中物体上生长的有水藓属、曲柄藓属、苔藓属、垂枝藓属、拟垂枝藓属、青藓属等；静水中物体上生长的有柳叶藓科；沼泽中生长的有泥炭藓属。

（2）石生苔藓：生长在岩石上的苔藓植物比较多。由于岩石的酸碱度和湿度不同，所生长的苔藓植物种类也不同。如酸性高山岩石上生有黑藓属、砂藓属；干旱岩石上生长的有紫萼藓属、虎尾藓属、牛舌藓属；潮湿岩石上生长的有提灯藓属和一些苔类。

（3）土生苔藓：土生苔藓植物的种类最多。土壤性质不同，生长的苔藓种类也不同。在腐殖质丰富、含氮量高的土壤上，常生长着葫芦藓属、地钱属等；酸性土壤上常生长曲尾藓属、仙鹤藓属等；中性土壤上常生长提灯藓、羽藓属等；碱性土壤上常生有山羽藓属、绢藓属等；含钙量高的土壤上，常生有墙藓属。

（4）木生苔藓：在林内附生在树上和倒木上的苔藓植物，有光萼苔属、耳囊苔属、羽苔科、平藓科等。

二、苔藓植物标本的采集

（1）采集工具

①小抄网：用于捞取漂浮水面的苔藓。

②采集刀（可用电工刀代替）：用于采取石生和木生苔藓。

③镊子：用于采取水中、沼泽中的苔藓。

④ 纸袋（12厘米×10厘米）：用于盛装苔藓标本。

⑤塑料瓶：用于盛取水生苔藓。

⑥采集袋、塑料袋、曲别针（或大头针）、采集记录册、铅笔等。

（2）采集方法

①对不同生长环境的苔藓植物，要用不同方法采集。

a. 水生苔藓——对于漂浮水面的种类，可用小抄网捞取，然后将标本装入塑料瓶中。对于生长在水中物体上或沼泽中的种类，可用镊子采取，采集后，将标本放入塑料瓶内或将水甩净后装入纸袋中。

b. 石生、树生苔藓——对于生长在石面的种类，可用采集刀刮取。对于生长在树皮上的种类，可用采集刀连同一部分树皮剥下。对于生在小树枝或叶面上的种类，可采集一段枝条或连同叶片一起采集。

c. 土生苔藓——对于松软土上生长的种类，可直接用手采集。稍硬土壤上的种类，则要用采集刀连同一层土铲起，然后小心去掉泥土，将标本装入纸袋中。

②要尽量采集带有孢子体的标本。苔藓植物孢子体各部分的特征，在分类上有重要价值。采集时，要保持孢子体各部的完整，尤其是孢蒴上的蒴帽容易脱落，要注意保存。

③作好采集记录。标本采集后，应及时编号和填写采集记录册。苔藓植物采集记录册表的格式见下表。

苔藓植物采集记录表

号数	日期
采集人	
采集地点	
海拔高度	
生境	
基质	
营养体生长形式	
营养体颜色和光泽	
孢蒴	
科名	
学名	
中名	
附注	

填表说明：

生境是指苔藓植物生活的具体环境，如林中、林下、林缘、草地、岩面、土坡等。

基质是指苔藓植物附生的物体，如水中岩石、水中朽木、树皮、树叶、土壤等。

营养体生长形式是指直立、倾立、匍匐、主茎横卧枝茎直立、主茎紧贴基质枝茎悬垂等。

孢蒴是指孢蒴作成标本后容易变化或不易区分的性状，如姿态下垂、上举、倾斜等。

三、苔藓植物标本的制作

苔藓植物标本的制作和保存比较简单，一般用以下两种方法。

（1）风干标本

苔藓植物体小，容易干燥，不易发霉腐烂，而且在干燥的状态下，颜色能长期保存。因此非常适宜制成风干标本，并用纸质标本袋长期保存。

（2）压制腊叶标本

各种苔藓植物都可制作腊叶标本，尤其是水生种类和附生在树枝、树叶上的种类，更适合用腊叶标本保存。其制作方法与制作种子植物腊叶标本的相同。但要在标本上盖一层纱布，以防止有些苔类标本粘在盖纸上。

四、苔藓植物标本的保存

干制的苔藓植物标本，除用标本台纸或装盒保存外，还可放在牛皮纸袋内长期保存。

入袋保存前，先将标本放在通风处晾干，去净所带泥土，然后放入标本袋中。牛皮纸袋的的制作方法如图所示。

苔藓标本袋

苔藓植物标本柜

将牛皮纸折叠按照图折成长方形纸袋。放入标本后，在纸袋外面加贴标本签，注明标本的名称、学名、采集地点、采集人等。装袋的苔藓植物标本，可放在木盒或纸盒内长期保存。标本数量较多，需较有系统保存时，要另备标本柜。在此同时，要填写标签，写明学名、产地、采集人和编号，将标签贴在标本袋上，并在登记簿上登记，然后入柜长期保存。

标本柜的大小和抽斗的多少可自行设计。标本柜的高度考虑取放标本方便；每个抽斗的宽度要以能横放标本纸袋为准，抽斗外面设有拉手和标本卡片框。标本柜宜放在干燥的地方，抽斗里放些防腐、防虫剂，同保存其他植物标本一样要注意防潮、防虫。

第三节　地衣植物标本的采集和制作

地衣是多年生植物，全世界共有 25000 余种，我国约有 2000 种。每一种地衣都是由 1 种真菌和 1 种藻组合的复合有机体。

一、地衣植物的种类和分布

地衣的适应能力极强，特别能耐寒、耐旱，广泛分布于世界各地，从南北两极到赤道，从高山、森林到沙漠，从潮湿土壤到干燥岩石和树皮上，都有它们的存在。地衣因生长基物的不同，可分为附生、石生和地上土生等 3 大类型。

（1）附生地衣：本类型大多附生在森林、灌丛中的树上，各种地衣在树上的分布常有其固定的部位，呈现出规律性分布。附生在树冠上的地衣，主要是枝状地衣，如松萝属、雪花衣属等；在树干上部，由于树皮光滑，大多附生壳状地衣，如文字衣科、茶渍科、鸡皮衣科等；在树干中部和基部，树皮粗糙，多少都贴生着苔藓植物，因此，树干的这两个部位大多附生叶状地衣，如梅衣属、蜈蚣衣属、牛皮叶衣属、地卷属等。

（2）石生地衣：在裸露岩石上主要是壳状地衣，如茶渍科、鸡皮衣科、黑瘤衣科、石耳科、黄枝衣科、橙衣科、梅衣科等；在有苔藓植物的岩石上，主要是叶状地衣，如梅衣科、胶衣科、地卷属、石蕊属等。

（3）地上土生地衣：在本类型中，既有壳状地衣，也有叶状地衣，如石蕊属、皮果衣属和猫耳衣属等。

二、地衣植物标本的采集

（1）采集工具

①采集刀：用于采集树皮上的壳状地衣和叶状地衣。

②锤子和钻子：用于采集石生地衣。

③枝剪：用于剪取树枝上的各种地衣。

④采集袋、放大镜、包装纸（可用旧报纸）、小纸袋、钢卷尺、采集记录册、铅笔、号牌等。

（2）采集方法

①壳状地衣的采集：此类地衣，由于没有下皮层，髓层的菌丝紧紧贴在基质上，很难与基质分离。采集时，必须连同基质一起采；对地上土生的可用刀挖取；对树枝上着生的，可用枝剪连同树枝一起剪取；对在树干上着生的，可用采集刀连同树皮一起切割；对石生的，须用锤和钻将所着生的石块敲打下来。

②叶状和枝状地衣的采集：这两类地衣，前者具有下皮层，后者植物体圆筒形，体表均具皮层。因此，以皮层上的假根和脐固着在基质上，与基质的结合不太紧密，容易剥离。采集时，不能用手抓（注意：这是同学们常用的方法），要用刀从基质上轻轻剔剥下来，防止将地衣碰碎。

采集地衣标本，不受季节限制。因为除了有些不产子囊果的种类外，一般地衣在一年四季都能产生子囊果和子囊孢子。因此，一年四季均可采集。

（3）记录

地衣标本采集后，放入小纸袋中，纸袋上写清采集号数，然后在采集记录册中进行记录。地衣采集记录表的格式见下表。

地衣采集记录表

三、地衣植物的标本制作与保存

地衣标本制作与保存比较容易。一般多用风干的方法，使标本自然干燥，然后放入小纸袋中保存。对于叶状和枝状地衣，也可以按照种子植物腊叶标本压制方法，用标本夹压干，装帧成腊叶标本保存。

第四节 大型真菌标本的采集和制作

真菌有10万余种，在植物界中，其种类之多仅次于种子植物。真菌的种类虽多，但大多数的种类体型微小，不易发现。对同学们来说，容易观察和采集的是大型真菌。

大型真菌是指真菌中子实体较大的子囊菌和担子菌，全世界共有10000余种。常见种类有盘菌类、木耳类、银耳类、多孔菌类、伞菌类、腹菌类等。这些大型真菌的子实体，形态多种多样，有盘状、碗状、马鞍状、羊肚状、伞状、球状、扇状、笔状、脑状、耳状、块状、喇叭状等。子实体的质地也不相同，大多为肉质，有的为革质，还有的为木质、木栓质，以及胶质、膜质等。子实体的不同质地，使得采集和标本制作方法各不相同。

一、大型真菌种类和分布

大型真菌分布广泛，山林、草原、田野、庭院等处都能见到它们。根据其生境的不同可分为以下几种类型。

（1）地生真菌：大型真菌大多为地生，如各种伞菌、盘菌、腹菌等真菌，都生长在沃土或粪土上，利用土中丰富的有机物形成地下菌丝和子实体。

（2）木生真菌：木生真菌有的寄生在活的树木上，有的腐生在枯立木、倒木或伐木桩上。各种多孔菌、银耳、木耳等都是木生真菌。

（3）共生真菌：伞菌、多孔菌和盘菌中的一些种类，其地下菌丝常与某些种子植物的根结合在一起，形成菌根。共生真菌通过菌根，一方面从种子植物根上吸取自己需要的有机养料，另一方面，又将自己吸收来的水分、无机盐供给种子植物使用，从而增加了种子植物的吸收面积，形成了共生关系。

二、大型真菌标本的采集

（1）采集工具

①平底背筐或塑料桶：用于盛放各种真菌标本。

②掘铲和小镐：用于挖掘地生真菌标本。

③采集刀、枝剪和手锯：用于采集木生真菌标本。

④硬纸盒若干个：用于存放珍贵或容易破碎的标本。

⑤漏斗形白纸袋（用光滑洁白的纸临时制作）：用于包装肉质标本。

⑥采集袋、采集记录册、铅笔、号牌等。

（2）采集时间

采集大型真菌，首先要了解它们子实体的发生时间。子实体在春季发生的比较少，仅羊肚菌属、马鞍菌属等发生于春末，多数真菌发生于夏秋两季，尤其是多雨的7~8月份出现最多；多年生的多孔菌如灵芝属，一年四季均可采到，但以春季和晚秋采集最为适宜。

（3）采集方法

①地生和共生真菌的采集：同学们遇到各种地生真菌时，常常用手去拔，这样做，既容易损伤地上的子实体，也很难将子实体菌柄下端的地下菌丝拔

出土外。正确的做法是用掘铲和小镐小心挖取，如果没带掘铲和手镐，可用手轻轻捏住子实体的菌柄基部，缓慢地将菌柄转一周，然后拔出，这样就能将地下菌丝带出土外。在整个采集过程中，要注意保持子实体的完整，对各部分都不要损伤，如菌环、菌托、盖面、柄上的绒毛和鳞片，以及菌幕残片等，都要注意保护。共生真菌的采集方法与地生真菌的采集方法相同。

②木生真菌的采集。应将标本连同一部分基物一起采集，可用采集刀、枝剪、手锯等工具采集。

（4）标本的临时保存

标本采集后，要立即分别包装，以免损坏和丢失。不同质地的标本，包装方法不同。

①对肉质、胶质、蜡质和软骨质的标本，可用光滑洁白的纸作成漏斗形的纸袋包装（现用现作，其容积随标本大小而定）。包装时，菌柄向下，菌盖在上，放入牌号，包好上口。然后将包好的标本放入筐或桶内。如采到稀有、珍贵或容易破碎的标本，可放入硬纸盒内，周围充填洁净的植物茎叶，并在盒壁上穿些孔洞，以利通风。

②对木质、木栓质、草质和膜质的标本，采集后，先拴上号牌，再用白纸分别包装即可。

（5）野外记录

标本采到后，根据标本特征，在采集记录册中逐项填写。大型真菌采集记录表的格式见下表。

大型真菌采集记录表

采集号	采集时间
采集地点	
生境	
寄主名称	海拔高度
标本采集部位	
子实体形态特征	
学名	
中名	
采集人	
其他	

填表说明：标本采集部位是指木生菌类的标本在树上的着生部位。如果是蘑菇属标本，可如下表进行记录。

蘑菇类采集记录表

采集号	采集时间
采集地点	
采集人	
生境	海拔高度
基物	
生态	
菌盖	
菌肉	
菌褶	
菌管	
菌环	
菌柄	
菌托	
孢子印	
学名	
中名	土名
附记	

填表说明：

生境：生物生活地域的环境。

基物：指地上、腐木、立木、粪上等。

生态：指单生、散生、群生、丛生、簇生、叠生等。菌盖包括直径、颜色、黏度、形状等，均需记录。

菌肉：包括颜色、气味、伤后变色等。

菌褶：包括宽度、颜色、密度、是否等长和分叉等。

菌管：包括管口大小和形状、管面颜色、管里颜色、排列状态等。

菌环：包括质地、颜色等。

菌柄：包括长度、直径、颜色、基部形态、有无鳞片和腺点、质地、是否空心等。

菌托：包括颜色、形状等。

孢子印：包括颜色等。

附记：包括用途、是否有毒、产量等。

(6) 采集中应注意的问题

大型真菌中，有不少有毒种类。在采集中，同学们对采到的真菌标本鉴定时绝不能口尝，更不能随便把一些不认识的种类当作食用菌带回食用。

三、大型真菌标本的制作和保存

(1) 浸制标本

凡是白色、灰色、淡黄色、淡褐色的标本，可选用下列浸制液配方中的一种：

配方1——甲醛10毫升、硫酸锌2.5克、水1000毫升。

配方2——50%酒精300毫升、水2000毫升。

凡是颜色深的标本，为保持颜色，可用下列配方保存：

A液——2%~10%硫酸铜水溶液；

B液——无水亚硫酸钠21克，浓硫酸1克，溶于10毫升水中，再加水至1000毫升。

保存时，先将标本放入A液中浸泡24小时，取出用清水浸洗24小时，然后转浸入B液中长期保存。

(2) 风干标本

对木质、木栓质、革质、半肉质和其他含水分少不易腐烂的标本，可作干制标本。其做法：先将标本放在通风处风干或放在日光下晒干。如果阳光充足，肉质标本也可晒干做成干制标本。标本干后，放入标本盒，并加樟脑粉和干燥剂，盒外贴上标本签，即可长期保存。

(3) 腊叶标本

肉质标本还可以制作腊叶标本。其方法是取一张薄的白磅纸，在纸上涂一层15%的动物胶或蛋清，使其干燥。同时，将肉质标本纵切成均等的两半，将其中一半的菌伞和菌柄内的菌肉挖空，只剩下一层薄壳；另一半沿纵轴切下一层薄片，这薄片应完整地表示出子实体的各部分。然后将上述薄壳和薄片两个标本贴在涂有动物胶的纸上（薄壳的空腔朝向动物胶），再在上面放一层纱布，放入标本夹中压制，这样压干的标本不会卷缩。压干后，再贴在台纸上，按照腊叶标本装帧的方法做成腊叶标本。

（4）制作孢子印

能做孢子印的真菌，大多属于担子菌。当担子菌的子实体成熟时，菌伞张开，大量的孢子就从菌褶上散落下来。此时，用特别准备的纸接取，被粘在纸上的孢子就叫做孢子印。各种担子菌的孢子形态、颜色、菌褶大小、菌褶和菌管形态不同，彼此的孢子印也就不一样。这样，孢子印就成为鉴定真菌标本时不可缺少的一个根据。

用来制作孢子印的标本，应该是菌伞已经张开，但不过熟，而且菌伞必须完整。把标本选好后，取一张稍厚的纸，涂上15%的动物胶或蛋清，干燥后待用。纸的颜色视孢子的颜色而定。如果是黑色孢子，则用白纸；反之，则用黑纸；如果不知道孢子颜色，则把一半白纸一半黑纸拼接使用。在准备纸的同时，用铁丝做一个比菌盖稍大的圆圈，铁丝的一端弯向圆圈中央，使其末端向上弯曲成短柱状。

上述准备工作完成后，用刀片将标本的菌柄齐菌盖处切掉，用铁丝短柱插在菌盖中央的菌柄切断处。然后将这套装置放在涂有动物胶的纸上，为了防止风吹孢子或落上灰尘，应罩上玻璃罩或纸套，静置4～24小时，成熟的孢子就会落到纸上，形成了一张与菌褶或菌孔排列方式完全相同的孢子印。

孢子印制作好后，要及时记录新鲜孢子的颜色，并将其编上与其他同种标本相同的号数，一起保存，以备鉴定时查用。注意不要用手抚摸孢子印，以免造成损坏。

第三章 孢子植物标本的采集与制作

第五节 藻类标本的采集和制作

采集藻类要以各种藻类的生态环境、生活习性为基础。藻类主要分布在水中,如湖、河、海洋,可分为固着、漂浮、浮游3类。在陆地潮湿处也有分布。从气候条件看,一般在温暖季节,藻类的种类和数量较多。有一些种类如蓝藻在气温较高时生长特别繁盛;也有些种类如硅藻、甲藻在气温凉爽时较多。

一、藻类的种类和分布

藻类在自然界分布很广,江河、湖泊、水库、小溪、池塘、积水坑、沼泽、冰雪、温泉、土壤、岩石、树皮、墙壁乃至花盆外壁上,都有它们的踪迹。根据各种淡水藻类生境中水的多少和有无以及藻类本身的生活方式,将它们分为以下几种生态类型:

(1) 水生藻类——水生藻类是生活在各种淡水水域中的藻类植物,根据它们在水中的生活方式,又分为浮游藻类、附生藻类等。

①浮游藻类是淡水藻类中种类最多的一类。它们自由浮游在水中,身体大多由单细胞组成,体型微小,肉眼无法观察。它们中,有的具有鞭毛,能自由运动;有的不具鞭毛,只能随水漂浮。裸藻门、绿藻门、金藻门、甲藻门、黄藻门、硅藻门、蓝藻门中,都有淡水浮游藻类的存在。

正因为淡水浮游藻类由不同类群的藻类组成,它们对水质要求和生长季节常不相同。例如各种裸藻喜在温暖夏季有机物丰富的水中生活;各种绿藻在春、秋两季生长旺盛,其中的鼓藻喜微酸性水质;各种金藻多在寒凉的秋末至次年早春出现;各种甲藻喜在温暖夏季碱性水中生活;各种硅藻喜在冷水中生活,春、秋两季出现较多;各种蓝藻在夏季生长旺盛,喜在营养丰富的水中生活,常集聚水面,形成"水花"。因此,采集浮游藻类前,应先了解它们的生态习性,否则不易采到所需的标本。

②附生藻类附生在水生各种物体上，如石块、木桩、水底高等植物及其他藻类植物体上。它们多数是分枝或不分枝的丝状体，少数为群体和单细胞类型。

（2）亚气生藻类——亚气生藻类大多生长在潮湿土壤表面、潮湿岩石表面、树干基部和水花飞溅处等处。生境潮湿，藻体半沉浸在水中。

（3）气生藻类——气生藻类生长在树皮、树叶、岩石、墙壁、花盆壁等处。藻体暴露在空气中，生活期的大部分时间缺水，但仍能生存，一旦遇到雨水，立即恢复生命活动。

二、藻类标本的采集

（1）采集工具

①浮游生物采集网：用于采集各种浮游藻类。浮游生物网可以自己制作，一般用25号（网孔为0.06毫米）筛绢做成。在湖泊内应用的浮游生物网为圆锥形，口径约20厘米，网长约60厘米，如图所示。

制作时，可用直径约3~4毫米的铜条或粗铅丝作一环，来支持网口，使它成环形。用金属（如铝、钢精或铜）或玻璃小筒，套结在网底，通常称为网头，用来收集过滤到的藻类。由于滤液内有浮游动物，如时间放得较久，往往藻类有不少被浮游动物吞食，所以若不马上观察，需用固定液固定。若用来分离藻种，可用13号筛绢（网孔0.1毫米）再将滤液过滤一次备用。有些地方购买筛绢较困难，也可不用浮游生物采集网，而用采水瓶，或一般器皿。但因藻类个体较少，最好多采些水样，待沉积后观察。

浮游生物网

②采水瓶：采取垂直分层定量藻样和水样需用采水瓶。这种工具式样规格繁多，如图是可以自制的简易采水瓶，比较实用。

制作方法是取一个500毫升（或1000毫升）的广口瓶，瓶底附一块重1.5千克的铅块（或不锈钢块），用铅丝固定在瓶底。瓶口橡皮塞穿3个孔，一孔插进水的长玻管，一孔插排气和出水的短玻管，一孔插温度计。进水管与出水管的上端都高出塞面3厘米左右，进水管下端接近瓶底，出水管下端接近塞底。用一根长约24厘米的软橡皮管，一头紧套在排气管上，不使脱落；另一头则较松地套在进水管上，并在此处扎一根细绳（既要扎牢，又不能影响以后排水）。还要在瓶颈上扎一根较粗的绳子，以沉下或拉起水瓶。

采水瓶

采样时，将采水瓶沉没到规定水层，向上拉细绳，使橡皮管与进水管脱开，水即可迅速进入采水瓶（为使进水速度快些，玻管内径最好粗些，在10毫米以上）。待3～5分钟后，将瓶提出水面，先看水温，再倒出水样。

③小桶：用于临时盛放或采集水生浮游藻类标本。

④标本瓶：用于盛放水生藻类。

⑤吸管：用于吸取浅水中的浮游藻类。

⑥小铲、采集刀和小锤：用于采集附生藻类和气生藻类。

⑦采集袋、纸袋：用于盛装亚气生、气生藻类。

⑧pH试纸：用于测试水体pH值。

⑨温度计：用于测量气温和水温。

⑩镊子、采集记录册、铅笔、号牌等。

⑪固定液（甲醛固定液和鲁哥氏液）：用于固定保存藻类标本，其配方见本书标本制作部分。

(2) 藻类采集的一般方法

藻类分布极广，在不同环境条件中，藻类的组成成分是不同的。因此，采集不同生境中的藻类，应根据它们的生长情况，采取不同方法。

①着生藻类：对于生长在其他物体上较大型藻类，一般用手或镊子采取。应尽可能采取整个植物，包括它们的基部等。生长在石上的，最好用小刀刮取；生长在水生高等植物上的，要用镊子取下生长藻类最多的部分叶、茎一同保存（尽可能记下植物名称）；生长在土壤上的，最好用刀铲取，尽可能少带泥土（如专作土壤藻类研究，则应分层采土，进行培养）；生长在树干上的，要用刀削取。

微型藻类中也有不少是着生的，更有一些混生在其他植物（如苔藓等）之间，在有这类藻类生长的部位，常具有各种颜色的斑点、斑块、颗粒、黏质层、皮壳状、薄膜等标志，应选择生长最多部分用刀刮取或削取。岩石上不易刮下的种类，如急流中或海岸岩石上的藻类可敲取或取小石块一同保存。

②漂浮藻类：在各种静水水体中，常漂浮一些丝状藻藻丛。采集时应注意取同一藻丛上不同颜色部分或不同颜色的藻丛，特别是变成黄褐色部分常为生殖时期的植物体。如采集较长的、分枝的藻类，不宜折取一段藻体，而应尽可能采整体。

③浮游藻类：先准备好浮游生物网，然后在水面较宽、较深水体中采集。

（3）各种藻类的采集

①蓝藻

a. 生活环境及主要形态特点

a）念珠藻属：生活在水中、湿土或石头上。念珠藻是由许多丝状体埋于胶质中构成的胶质球，放在低倍显微镜下观察，可见丝状体的细胞呈圆球状顺序排列，连成弯曲的丝，每条丝外被有胶质鞘，整体如同念珠，故名念珠藻。供食用的地木耳、发菜和葛仙米都属念珠藻。

念珠藻球外形

b）颤藻属：颤藻是最常见的蓝藻，生活于湿地或浅水中，特别在污水中生长最为旺盛。污水中生长旺盛的颤藻呈暗绿色（或稍带褐色，成泡沫状），一片片浮生于水面。低倍镜下的颤藻为蓝绿色的单列细胞丝状体，高倍镜下观察颤藻，可以见到丝状体作左右摆动运动，故名颤藻。

b. 采集要点

a）念珠藻可在雨季湿地或阴湿的石块上找到。采集时用长镊子轻轻夹起，放入容器内带回实验室镜检。

b）颤藻在污水沟或有机质丰富的湿地上都能采到。颤藻暗绿色，块状或片状，有臭味，手摸有滑腻感，握时有气泡发生。用长竹筷或大镊子挑取采集，放入容器内带回实验室镜检。

② 绿藻

a. 生活习性及主要形态特点

a）衣藻属：衣藻分布很广，绝大部分在淡水中。一般生活在有机质丰富的较不流动的水沟、水池或临时水洼中，在流动性的或清洁的水池里较少。南方农民用的粪池或粪缸中（一般在粪不多而上层有较多水的缸），经常有纯粹的衣藻群，致使水呈绿色（有时还有眼虫）。一般衣藻最多的时期是在春末、秋初，气温在10℃~20℃，在上海、江、浙一带，一年四季几乎都可采到。形成胶鞘体的常在渐趋于枯竭的水池岸边。如欲得到较多且纯粹的材料，可用大的广口瓶盛入2/3有衣藻的池水带回。瓶的一面用黑纸遮起，另一面承光，放在窗台上。这样，由于衣藻具有趋光性，大量聚集于光亮面，然后用吸管吸取备用。要得到结合生殖时期的衣藻，当气候骤然变化时就可能采到。如在上海，当冬季寒潮到来的次日采集时，就会发现结合状态的衣藻。

b）水绵属：多在较洁净的静水中如池塘、湖泊中生活，很少生活于流水中，是淡水中分布很多的绿藻。植物体是由长筒形细胞连成的丝状体。

颤藻丝状体

衣 藻

每个细胞里有一条或几条叶绿体。叶绿体呈带状，螺旋式地盘绕于外围贴壁的细胞质中。细胞壁外层有果胶质，手感滑腻。

b. 采集要点

a）衣藻：在有机质较多的池塘、湖泊污水中，养鱼缸里，雨季的积水处，衣藻可形成纯群。大量繁殖时，能使水面呈草绿色。采集时，用塑料勺舀水倒进水桶或广口瓶，带回实验室后再置换到透明玻璃缸或玻璃瓶里，放在有阳光处，过了不久，即可见玻璃缸（瓶）壁与水面交界处的向阳面有绿色衣藻的纯群，这是衣藻向光驱动而集积的结果。用吸管自衣藻的纯群处吸一滴绿水镜检。

水　绵

注意两点：一是当外界气温低于10℃时往往不易采到衣藻；二是切忌将眼虫藻误认为是衣藻。

b）水绵：开春化冻至结冰之前，在静水池塘或积水处均可见到鲜绿色的结成块状成团浮于水面的绿藻，用解剖针挑取少许，手摸有滑腻感，便可初步认定是水绵。用水网或大竹镊子捞取，放入塑料桶内，带回实验室镜检。

③裸藻

a. 生活环境及主要形态特点：眼虫藻属是一种常见的绿色裸藻类，在春、夏、秋三季中常生活在小的污水沟中，底栖和附着在水底杂物上。旺盛生长时可形成纯群，使水呈草绿色。眼虫藻有1条或2条、3条鞭毛，是能游动的单细胞植物。细胞呈纺锤形，细胞内中有叶绿体（也有无色的类型），后端较尖或不明显。因其体表有一层周质膜，无纤维素的细胞壁，所以运动时可不断变形。低倍显微镜下可以看到靠近细胞前端一侧的细胞质中有一红色的眼点。

b. 采集要点：在污水沟中，取草绿色的水放进小塑料桶带回实验室镜检。

镜检时要注意区别眼虫藻和衣藻：a）两者的细胞形状不同；b）两者细胞内叶绿体的形状不同，如图所示。

A. 眼虫藻细胞中的大型盘状叶绿体　　B. 眼虫藻细胞中的粒状叶绿体
C. 眼虫藻细胞中的带状叶绿体　　　　D. 衣藻细胞中的杯状叶绿体

眼虫藻和衣藻的叶绿体差别

（4）采集记录

每采一份标本，都应写好号牌，将号牌投入标本瓶或小纸袋内，并及时填写采集记录册。淡水藻类采集记录表的格式见下表。

淡水藻类采集记录表

采集号	采集时间
采集人	
采集地点	
生境	
海拔高度	
标本类型	
水色	
光照情况	气温
水温	pH 值
主要种类	
附记	

三、藻类标本的制作与保存

（1）风干标本

气生、亚气生藻类标本，可直接装入纸袋中，风干保存。标本橱中应放入樟脑防虫。

（2）腊叶标本

附生藻类可制成腊叶标本保存。藻类植物腊叶标本的制作方法与水生种子植物的腊叶标本的制作方法基本相同，但由于藻类标本所含的胶质多，压制时，应在标本上覆盖纱布，以免粘连在吸水纸上。藻类植物腊叶标本的制作方法主要有以下几个步骤：

①漂洗标本

不论是从湖泊或沿海一带采回的各种藻类标本，均须放入盛有淡水的桶（盆）中漂洗，把标本上残存的泥沙和盐分洗净。

②移到纸上

洗净后的藻类标本再次放入清水桶（盆）内。根据标本的大小，取一张较厚的白纸（一般的图画纸或小块台纸）放在托板（薄木板或塑料板）上，左手持板入水，右手从桶（盆）内选取标本，将标本移放在托板的白纸上，用毛笔在临近水面处调理标本姿势，然后斜向将托板轻轻取出。出水过程不可操之过急，既要使白纸不漂离托板，又要使标本不离纸、不移位。出水后的标本，仍需调姿梳理，最好采用小皮头吸管适量地喷冲调姿的办法。

③加压脱水

把托板上的标本连同白纸一起取下，放在标本夹内的吸水纸上。根据标本的大小，取一块棉纱布盖在标本上，主要是防止带有黏胶质的藻类与吸水纸粘连在一起；然后再在标本上盖几张吸水纸，另放其他的藻类标本。全部标本放好后压紧标本夹，放到干燥处脱水。初放进标本夹的藻类标本当天需换纸2次，换纸的同时也要另换干燥的纱布。在比较干燥的室内条件下，一般每天换纸1次，经5~7次后即可压干。

④台纸固定

由于藻体表面有黏胶质,加压后干燥标本已较好地粘在白纸上,无需再加工固定。如需将粘在白纸上的标本移放到植物标本台纸上,可在白纸背面沿边缘适当涂些胶,粘在台纸上就行;有些较长的标本不易粘稳,可用玻璃纸条予以固定。

漂洗标本时可去掉标签;用托板移取标本前要在白纸上用铅笔注明标号(或名称)后再撤掉标签,以免混淆标本的序号或名称。

(3) 浸制标本

浮游藻类和附生藻类都可以制作浸制标本。浸制标本所用的固定液种类很多,常用的有以下几种。

①甲醛水溶液。为最常用的固定液,用于固定浮游藻类时,一般可用2%~4%的浓度。其中,固定蓝藻可用2%;固定裸藻和绿藻可用3%;固定鼓藻除用3%浓度外,还要滴加几滴醋酸;对于附生藻类,可用4%~6%的浓度。

②鲁哥氏液。鲁哥氏液最适于固定保存浮游藻类,其优点是能防止鞭毛收缩,并使绿藻的淀粉核变为蓝紫色,便于识别和计算藻体数量。

配方:碘4克、碘化钾6克、蒸馏水100毫升。

配法:先将6克碘化钾溶于20毫升蒸馏水中,搅拌均匀后再加入4克碘,搅拌溶解后,加入80毫升蒸馏水即成。

由于鲁哥氏液中的碘容易挥发,在配成24小时后,须加3%甲醛液,标本才能长期保存。

(4) 玻片标本

对微小藻类,制作玻片标本的基本步骤,一是杀生、固定,二是冲洗及脱水,三是染色,四是透明及封藏。以下介绍几种方法:

①甘油封片不染色制作法

a. 标本用4%福尔马林固定,时间约12~24小时。

b. 载玻片上滴一小滴10%甘油液,吸取沉淀于福尔马林液中标本,滴在甘油液中,用针轻轻搅动,使标本均匀散布。

c. 将载玻片放在干燥器或其他容器内,注意防尘,使甘油中水分逐渐蒸发，时间随干燥情况而定。待甘油浓缩至原来1/2时，即可加1滴20%甘油，再静置使水蒸发，然后再加40%甘油。待甘油浓缩至原来容量1/2时，即可加盖玻片，仍使继续蒸发。

d. 2～3天后，甘油近于无水状态，此时即可进行密封。

e. 密封：需用洪氏两液，其配方为阿拉伯树胶20克、蒸馏水20毫升、水合氯醛17克、甘油3毫升、冰醋酸2毫升。用毛笔沾上此液，涂在盖玻片四周边缘部分（约0.5～1毫米），过1～2天，用刀轻轻刮去盖玻片四周不平整处，再用瓷漆在四周加固密封。

②甘油封片染色制作法（材料以丝状绿藻为例）

a. 标本用弱铬酸－醋酸液固定24～48小时。

b. 将材料倾入广口瓶中，瓶口用纱布包扎，然后在自来水龙头下冲洗（水量可小一些），以除去标本中固定液，时间至少24小时。

c. 移入2%铁矾液中2小时。

d. 再用自来水冲洗30～60分钟。

e. 用0.5%海氏苏木色素染色3～24小时后，用水冲洗30分钟（苏木色素溶于蒸馏水中需10天，在这段时间中，需经常摇晃玻瓶，以加速溶解。此液配好后，需等2个月，待其自然氧化成氧化苏木色素后才能使用）。

f. 用2%铁矾溶液分色，直到满意为止（如染色较浅，4～5分钟已足够）。再在水中冲洗约30～60分钟（冲洗必须彻底，否则封藏后仍继续分色，最后完全失去颜色而失败）。

g. 将标本放于2%甘油中，以后根据不染色法使甘油水分蒸发，逐级加浓，加盖玻片，以洪氏两液密封和瓷漆加固。

③甘油明胶法

把含有藻类的一个水滴放在载玻片上，然后加上一滴3%甘油，用表面皿把标本盖上，再把标本拿到干燥地方放一昼夜，使水分蒸发。结果，藻类就停留在一薄层甘油中，然后把材料放入甘油明胶中。

甘油明胶的制备方法：先把4克明胶放在24毫升蒸馏水中浸2～3小时，然后加入28克甘油和一小块石炭酸晶体。把这些东西倒入烧瓶中，再放在水浴器内煮热，直到明胶完全溶解为止。不要煮得太久，否则就不易凝固。如果甘油明胶在过滤后仍然混浊，那么要在溶解的甘油明胶中加入蛋白，使发生沉淀，再重新过滤。配成的甘油胶在冷却后应为透明的半固体，其黏度可使制成片子侧立在切片盒中时材料不往下沉落。如没有达到这样黏度，可能因为所用明胶质量不好或其他成分不纯。

把材料放入甘油明胶的方法：将经过甘油脱水的材料从甘油中取出，或不需脱水材料（质地较硬，不会发生变形的）从固定剂中取出，在吸水纸上放片刻。然后取适当分量放在洗净载玻片上。材料所占面积的直径不可超过1厘米（用大盖玻片的不在此限），越小越好，立刻加上一块甘油胶，甘油胶多少，因材料大小而不同，通常比火柴头稍大即可。在有深罩的100瓦电灯下，使载玻片上的甘油胶熔化，也可用酒精灯代替电灯，但不可使玻片上的温度升得太高。另外也可将整瓶甘油胶在温水中熔化，用玻棒把一小滴甘油明胶加到玻片上，但此法有一个缺点，就是甘油胶一再熔化容易变质。

用镊子去掉已熔化甘油胶表面气泡，静置几分钟待其再度凝固，加上一片洗净盖片。用18或22毫米方盖片，其大小视展开的甘油胶面积而决定。在盖片上轻压，使甘油胶展开成一薄层。在天气寒冷时，将手指在盖片上轻按片刻，使甘油胶能稍熔化而展开，展开后的甘油胶应为圆形，位于玻片中央。盖上盖片，使载片保持水平状态，直到完全凝固为止，过1～2周后，用火漆或指甲漆封住盖片边缘。

甘油明胶装片法是简便的低等植物玻片标本制作法。除简便外，还有另一个优点，就是不需要乙醇和二甲苯。至少有4点好处：一是经济；二是省时间；三是易保存材料原色，尤其是蓝藻和绿藻的颜色；四是材料不会发生明显收缩或变形。其中最后一点最重要，因为这一类材料在乙醇及二甲苯中特别容易变形。但这种方法有一个重要缺点，就是制成片子不能持久。即使在盖片边缘用加拿大胶或漆封得很好，在应用中仍不能像用加拿大胶装作片剂所制片子那样经久耐用。并且在制作时还需十分小心，不能让丝毫甘油胶溢出盖片外，否则封边时就封不密，因为甘油胶不易擦干净。

④甘油胶－加拿大胶改良封片法

此法是针对上述缺点加以改进。方法是在做好甘油胶装片后，且慢封片，而在盖玻片一边加一滴稀加拿大胶，任其自行渗入盖片下空处而围在甘油胶四周。需要注意加拿大胶只能在一处加入，并注意浓度要适当。如在盖片边缘上两处同时各加一滴胶，盖片下就容易保留空气而形成气泡。

在封得好的片子中，甘油胶与加拿大胶的交界处应该是一条整齐的交界线；封得稍差的交界线内外有油滴或水滴；更差的交界线屈曲如齿状，甚至杂有气泡。这些缺点的原因可能是：载片或盖片未洗净，致使甘油胶在展开时边缘不齐（在制作这一类不染色玻片标本时，未用过的新盖片及载片经肥皂水洗过或煮过，再用清水多次冲洗就可，不必用清洗液洗）；或者加入加拿大胶后，盖片下有气泡，用针将气泡压出不尽时，可产生上述缺点。

第四章　无脊椎动物标本的采集与制作

无脊椎动物是一个庞大的类群,不仅种类繁多,而且个体到处可见。尤其是其中的昆虫,约有85万余种,在动物界中种类最多,与人类的关系非常密切。因此,无脊椎动物的采集和标本制作,是同学们学习动物标本制作的一个重要方面。

第一节　昆虫标本的采集和制作

昆虫的种类繁多,千姿百态,天空、地上、土内、水里到处都有它们的踪迹。昆虫属于节肢动物门、昆虫纲。整个昆虫纲共有100余万种,占整个动物界的3/4,是动物界中种类最多的类群,也是与人类关系非常密切的动物类群。

采集昆虫标本虽然比较容易,但要做到有系统地积累典型的标本却也不是轻而易举的事。在野外采集前,①要熟悉各种昆虫的生活习性,掌握采集对象的变态类型、栖息场所、发生时间、采集方法等,也是制定采集方案时需要考虑的问题。②还需针对采集对象事先准备好各种采集工具,掌握熟练安全的操作方法,才能取得预期的成效。采集过程中要尽量避免过量乱采,尤其是比较珍贵的虫种,更要妥善行事。

通过昆虫标本的采集与制作,同学们能够进一步掌握昆虫学方面的知识,从而补充课堂学习的内容。可以了解到昆虫的生态、生活环境的多样性及地理分布状况,并学会识别害虫和益虫,为今后学习甚至工作打下基础。本节主要介绍不同昆虫标本采集、制作、保存的方法和技能。基本学会昆虫分类的知识及鉴定方法。

一、常见昆虫的种类

昆虫是无脊椎动物中唯一有翅的动物，它在动物界中属于节肢动物门、昆虫纲，按照分类的阶梯（界、门、纲、目、科、属、种），昆虫纲内又可分许多目。根据昆虫的翅、口器、触角、足等形态、结构等特点，昆虫纲还分有翅亚纲和无翅亚纲，下分30余个目。现仅就其中比较常见的10个目简要说明如下：

（1）直翅目

体大、中型；前翅窄长，革质；后翅宽大，膜质；咀嚼式口器，不完全变态。如蝗虫、蝼蛄、螽斯、蚱蜢等。

直翅目昆虫

（2）鳞翅目

成虫体表及膜质翅上均被有密布的毛和鳞片；虹吸式口器（幼虫为咀嚼式口器）；完全变态。蝶蛾类昆虫均属此目。

（3）膜翅目

体形微小直至中等，一般有2对膜质的翅；体壁较坚硬；头部可以活动，口器大多为咀嚼式，属于蜜蜂科的为嚼吸式；完全变态。如蜜蜂、姬蜂、赤眼蜂、长脚胡蜂等。

鳞翅目昆虫

膜翅目昆虫

（4）鞘翅目

前翅，角质，质地比较坚厚，静止时左右两前翅在背上相接成一直线；

后翅，膜质，常折在前翅下；咀嚼式口器，完全变态。如金龟子、天牛、瓢虫、叩头虫等。

金龟子

星天牛

七星瓢虫

叩头虫

鞘翅目昆虫

（5）双翅目

成虫有 1 对发达的前翅，后翅则退化成平衡棒；口器为刺吸式或舐吸式；完全变态。如蚊、蝇等。

寄蝇　　食蚜蝇

按蚊　　库蚊

双翅目昆虫

(6) 同翅目

四翅质地相同，均为膜质；刺吸式口器；不完全变态。如蝉、叶蝉、蚜虫、白蜡虫等。

同翅目昆虫

(7) 半翅目

体形略扁平；多数有翅，少数无翅；前翅基部是角质，端部是膜质；后翅膜质；刺吸式口器；不完全变态。如椿象、盲椿象、臭虫等。

半翅目昆虫

(8) 脉翅目

翅膜质，翅脉网状，前后翅形状大小相似，完全变态。成虫、幼虫均为肉食性，捕食多种粮棉害虫，为重要的害虫天敌。如草蛉。

草蛉　　　　　蚁蛉

脉翅目昆虫

(9) 蜚蠊目

前翅革质，后翅膜质；足发达善疾走，不完全变态。如蜚蠊、土鳖等。

蜚蠊雄虫　　蜚蠊雌虫　　土鳖雄虫　　土鳖雌虫

蜚蠊目昆虫

(10) 蜻蜓目

翅狭长、膜质，前后翅长短相等；咀嚼式口器；不完全变态。如各种蜻蜓、豆娘等。

豆娘　　　　　　　　蜻蜓

蜻蜓目昆虫

二、常用昆虫标本采集工具

常言道:"工欲善其事,必先利其器。"采集昆虫标本需事先准备好各种采集器材和工具,既要完备,又要使用灵活、携带方便,还要注意安全。尤其是远程的野外采集,更得考虑周密,备好备足。属于采集现场使用的大小工具、器材,要随用随收,免得遗忘丢失。毒瓶、毒剂之类和其他危重物品,更需随身携带,做到万无一失。

下面介绍一些昆虫标本采集常用的工具及其制备、操作方法。

(1) 采集网

采集网是采集昆虫的必备工具。根据网的用途不同,它的形状、大小、构造也不一样。大致可分为4种:

①捕网:又名抄网,主要用于捕捉飞行快速的昆虫,如蝶、蛾、蜂、蜻蜓等。捕网由网柄、网框、网袋三部分组合而成,如图所示。

捕网的组成

网袋裁剪图

捕网可以自己制作，网袋选用薄而柔的细纱，颜色以白色或淡色为宜，如珠罗纱或蚊帐布，也可用尼罗纱巾改制，以便能减少空气阻力、加快挥网速度，利于昆虫入网，便于透视网内。裁制网袋的方法见图（此网袋的直径约为30厘米），网袋的长度一般是网框直径的2倍，其底部要做成圆形，直径应不小于7厘米，以便于取出采到的昆虫。

依图剪好网袋，沿着弧形边把两个半片缝合成一个整体网袋，然后把网口布边缝在网袋上。网口布边是双层的，以便穿入铅丝支撑网口。

用粗铅丝弯成直径约30厘米的圆圈作为支撑网袋的网框，穿入网袋的双层布边中，末端固定在网柄顶端。为了携带使用方便，还可以把网框的铅丝从中央剪断，断端各弯一小圆圈，互相环套在一起，折叠成半圆；末端设法固定在网柄顶端，做成装卸方便的折叠式网袋，如下图所示。

固定式网框　　折叠式网框　　网箍　　折叠网袋

折叠式捕网

网柄一般选用直径1.5～2厘米的轻韧不易折断的木棍或竹竿制作，柄长1～1.35米左右。也可用铝管截成几节，用螺丝口互相连接成一根易于装拆的网柄。还可以用纺织厂的旧纱管制成插接式网柄。

纱管是一种用厚约2厘米的硬纸板压制成的一端细、一端粗的空

纱 管

心管，表面涂有一层防护漆，质轻而有一定的强度。将一节纱管的细端插入另一节纱管的粗端口内，如此连接5～6节，再把网框固定在顶节上，就

做成了插接式网柄。采集途中把纱管放在采集袋里，用时再把它连接起来，携带使用都很方便。

②扫网：主要用来捕捉栖息在草地、灌丛等低矮植物上或行株距间的临近地面、善于飞跳的小型昆虫。

扫网的制作方法和捕网的大致相同，但扫网的网柄较短，60厘米左右即可；网框的铅丝也比捕网的略微粗硬，网袋宜选用比较耐磨的粗纱布，常用质地结实的粗白布或亚麻布制作，在网的底部开个小口，用时将网底扎住，也可在网底开口处用橡胶圈扎一只透明的小塑料瓶，这样可以及时看清扫入网中的昆虫种类和数目。扫捕时小虫被甩入管内，虫量满时取下小管，盖上透气瓶盖，再另换扎一只，继续扫捕，见右上图。

扫　网

③水网：主要用于采捕水生昆虫。网的结构也由网柄、网框和网袋三部分组成，但形式和质地却多种多样，主要根据水域的深浅、河溪的宽窄、水草的疏密以及所要采集的昆虫种类来选择形式和质地。

常用的水网样式

为了减少水的阻力，网袋宜选用透水性较强的材料，如马尾纱、尼龙纱、铜纱、棕榈纤维或亚麻布制成等。为了作业时操作灵活，要选用轻便不易变形的网柄。水网的形式很多，如铲网、拖网等，前者适于捞捕泥沙中昆虫，后者适于拖捞深水中昆虫。一般使用的水网可以参照如右中图，根据捕捞对象设计制作。

刮　网

④刮网：主要用来采捕生活在树下或墙壁等物上的昆虫。与扫网类似，

但网框做成半月形,弦用钢条,网袋用白布做,要浅,并且底下开口,如图所示。采集昆虫时,在开口外扎一透明塑料小瓶,刮下的昆虫就可落入小瓶中,在采集昆虫过程中,要使弦的一边紧贴树干或墙壁等,以免昆虫掉落地上。

(2)毒瓶

采集昆虫时,对用来作标本的昆虫,采到后要迅速杀死,以防其挣扎逃跑或损伤肢体及鳞片脱落。这就需要用毒瓶及时将昆虫杀死。尤其是在夜晚灯下诱捕,虫量较多,来势迅猛,更需备有一定毒力的毒瓶,以便随时更替处理。

常用的毒瓶,一般选用质量较好的磨砂广口瓶。这种瓶的容积较大,盖上瓶口比较严实且不易脱落,使用比较安全。还有利用罐头玻璃瓶加配塑料盖的,也很经济实用。

专业采集用的毒瓶,毒剂使用氰化钾(或氰化钠),它的毒力较强,昆虫入瓶后可迅速致死。由于这种毒剂剧毒,在制作、使用和保管中要特别注意安全,防止发生事故。废弃不用的毒瓶要妥善水解、深埋,严禁随意丢弃。一般学校仅限于辅导教师制备使用,同学们实习时可另选用其他有一定毒力而比较安全的药物。毒瓶的制作方法如下,但要注意前两种仅供了解,不适于同学们使用。

①氰化钾(钠)毒瓶

以氰化钾为毒剂的毒瓶制作方法,是先将小块氰化钾或其粉末,轻轻放入瓶底,摊平;一只高15厘米、瓶底直径18厘米的玻璃广口瓶,可放入毒剂1厘米厚。然后在毒剂上面平铺1.5厘米厚的锯末,稍压平整,锯末层上平摊一层厚约0.5厘米的生石膏粉,亦稍压平整,再盖上一张与瓶体内径大小相同的滤纸片,徐徐向瓶内滴水,直到水滴通过滤纸渗透到石膏层的层底为止,盖上瓶盖,经过10余小时,待石膏层凝固,放上一两张滤纸,瓶外面写上"毒瓶"字样的标签,毒瓶就做成了。

②用乙醚或醋酸乙烷或三氯甲烷等麻醉剂制毒瓶

用麻醉剂做毒剂时,不能将药直接放到瓶中。有两种方法:a.先在瓶底铺一层棉花,然后倒入药液,以浸湿棉花为止,再在棉花上面铺一层锯末，锯末厚度0.5厘米即可，然后在其上铺一层滤纸，将瓶口用软木塞塞紧；b. 用药物将棉球浸湿（以下滴药为止），然后用图钉固定到广口瓶软木塞的底面。由于乙醚挥发很快，要随时添加才能保持药效。当棉花球上的药挥发完后，再滴上一些。

③适于同学们使用的毒瓶——用苦桃仁制毒瓶

制作时，先将桃仁加水浸湿以后捣碎，然后放入毒瓶，上面再铺一张吸水纸便可使用。一个500毫升的毒瓶，至少应放置30克桃仁。如果没有桃仁，可改用新鲜的山桃叶和山桃嫩茎上的树皮，将两者加水捣碎，放入毒瓶使用；也可改用捣碎的枇杷仁、青核桃皮或月桂树叶，作为毒杀物质。

毒瓶做好以后，为了加固瓶体，防止瓶底破碎后药层撒落，常在瓶外以药层为准连同瓶底加粘一层胶布或透明胶带防护，这样可更加安全耐用；为了携带使用方便，还可在瓶体外配装背带，如图所示。

毒瓶内放滤纸，主要是为了吸水，视纸的湿度和污染情况，需及时更换。毒瓶内壁要经常擦拭，以保持洁净透明。使用毒瓶时，一次放入的昆虫不宜过多，不可将大型和小型、较软和较硬的昆虫混合放入一个毒瓶里，以防互相践踏，伤及虫

毒　瓶

体。为了防止瓶内昆虫互相碰撞，可在瓶内放些凌乱的纸条。对于鳞翅目昆虫，为了防止翅上鳞片脱落，可以先将这类昆虫放入三角纸包里，再将纸包放入毒瓶内毒杀。

(3) 三角纸袋

又名昆虫包，主要用来保存鳞翅目昆虫标本。采集前制备好一定数量的大小不一的纸袋，依照虫体大小分别放入各袋，每袋可装1个或几个同种标本。纸袋轻巧，不致损伤标本，而且便于携带。

三角纸袋的材料一般选用半透明纸，裁成长宽3:2的长方形纸块，然后依图所示，折叠而成。

放入袋内的标本，以在袋内的斜边存放为好，这样易于从边口取出。

此外，采集前应先将采集日期、地点、海拔高度、采集人等写在袋的直折边上，不要装虫后再写，以免标本压损。

三角纸袋的叠法

（4）吸虫管

有些体型微小或匿居洞穴、墙缝等处的昆虫，用一般采集工具不易捉到，都可以可用吸虫管来吸取。用于吸取隐居在树皮、墙缝、石块中的小型昆虫，如蚊类等。

其制作很简单，用无底的指形管或玻璃管，两端塞好木塞，塞中央各钻一小孔，在孔中各插入一小玻璃管，一端套上橡皮管，另一端套上吸气球。简易的吸虫管就做成了；或者在有底的指形管的一端塞好木塞，木塞上钻两个孔，分别插入玻璃管和带吸气球的橡皮管，如下图所示。

1.吸气管　2.橡胶管　3.吸气球　4.吸管　5.玻璃管

吸虫管

图中所示的橡胶管和吸气球,可以用医疗上充气的吹胀气球,变成吸气球时,需将进气一端的活门卸下来,倒换在另一端。另外,在吸管末端管口还需蒙一小块棉纱或绸纱,以防小虫吸入球内。

采集时,将吸管口对准或罩住要采集的昆虫,按动吸气球将昆虫吸入管内。吸管中还可以放入沾有乙醚等麻醉药剂的小棉球,将能飞善跳的种类熏杀后,再移入其他容器或纸袋中保存。

(5) 三角盒

三角盒是用来在野外临时存放包有蝴蝶成虫的三角纸袋的,如下图所示。

(6) 采集伞

用来承接高处落下的昆虫,如图所示。采集伞柄可以伸直或拉平,伞兜面料和一般晴雨伞相同,颜色宜用淡色,便于识虫收集。作业时撑开伞面倒放在地上,伞柄平放便于移动,用毕折叠。

(7) 采集包

采集包是用来装采集工具、玻璃瓶、指形瓶、毒瓶的用具,用料可用小帆布做成工具袋或书包样式,内外多做些小口袋,袋上有盖,装小瓶时掉不出来;采集包还可以做成子弹袋样式,用时束在腰间方

采集包

便，如右图所示。

(8) 烤虫器

用于收集隐藏在枯枝落叶和烂草等腐烂物中的昆虫。使用时，将野外采来的腐烂物放入有隔筛的铁皮圆筒中，用电灯或其他热源增高温度，利用热量将腐烂物中的昆虫驱赶到圆筒的下方的漏斗中，再从漏斗落入毒瓶或酒精瓶内，达到采集的目的。烤虫器的形式很多，可根据其原理自行设计制作，但使用时要严防火灾。

(9) 采虫筛

用于收集隐藏在土壤中的昆虫，筛的形式和质地多种多样，可以自己动手制作。制作时，用铁丝编制成不同大小眼孔的圆框，几个圆框按一定距离套叠在一起，大眼孔框在上方，小眼孔框在下方，将套框装进在一个上下开口的布口袋中，下口扎上一个收集昆虫的毒瓶，便制成了采虫筛。使用时，将野外采来藏有昆虫的土壤，从袋口装入上层铁丝框中，提起口袋用力抖动，昆虫便被筛出，并按体型大小，分别留在不同层次的铁筛上或落入下面的毒瓶中。

(10) 卧式趋光采虫器

用于收集枯草烂叶中的昆虫。采虫器用粗铁丝做支架，四周用黑布作罩，形成一个长口袋，袋的前端连一方盒，盒正面安装玻璃，盒的下方连一收集瓶，收集瓶上口与方盒相通。用时，将野外收集的含虫的枯草烂叶，从袋后端装入袋中，利用昆虫的趋光性，使其向透光的方盒集中，最后落入下面的收集器内。这种采虫器适于收集无翅昆虫。

(11) 趋光分虫器

趋光分虫器和扫网配套使用。用于收集和分类扫网采集的各种昆虫。这种分虫器是用薄木板或铁皮作成长方形盒，盒盖是一个能够抽动的门，盒的窄面一端开3个高低不同的圆洞，每个圆洞外装有一个能提起和关闭的铁扣板，铁板上套有一个与洞口相同的橡胶圈，在橡胶圈内放进一个口径适合的玻璃管。用时，将扫网采来的含虫碎枝杂叶放入盒中，关闭盒盖。盒内的昆虫在趋光性驱使下以不同的飞翔能力或爬行速度，趋向不同高低的指形管中。这种分虫器适合于体型小，但弹跳、飞翔力较强的昆虫。

（12）诱虫灯

诱虫灯是用于采集夜间飞行活动的昆虫，如各种蛾子和甲虫。诱虫灯分为固定式、悬挂式和支柱式3种。同学们在野外采集期间，可采用结构比较简单的支柱式诱虫灯。

过去使用的光源，主要是各种油灯、汽灯、电灯等，都有一定的诱虫效应。现在认为比较理想的光源是黑光灯。试验证明，多种昆虫对波长为30～400纳米的紫外线有最大的趋向性。黑光灯发出的光波长在360纳米左右，对一些慕光的昆虫有强烈的引诱力，而且耗电量较普通电灯节省，所以是一种经济有效的诱捕工具，支柱式黑光灯的装置如右图所示。

在距离电源较远的地方，也可使用气灯、煤油灯或电石灯作诱捕昆虫的光源，但要特别注意避免发生火灾。

（13）采集箱

放毒死的昆虫用。制作方法：在长宽各30厘米、高10～15厘米的废木箱里面用木板分成多格即可。也可用废木板钉成和长宽各30厘米、高10～15厘米的小木箱，箱内用木板分成多格，用帆布条做成背带钉到小箱上，背在肩上，十分方便。

支柱式黑光灯装置图

（14）其他采集用具

采集铲、采集耙、毒虫夹、镊子、刀、剪、毛笔、放大镜、指形管、和广口瓶等。

三、采集时间和环境

（1）采集时间

由于昆虫种类繁多，生活习性很不一致，一年发生多少代，一代有多长时间，何时开始出现，何时停止活动等等，各类昆虫很不一样。即使是同一种昆虫，在不同地区或不同环境中也有所不同，所以采集昆虫的时间就很难一致，应该因虫而定和因地制宜。然而同学们采集昆虫，主要是掌握采集方法，认识一般种类，可依据一般昆虫的活动情况进行采集活动。

①季节：由于昆虫总是直接或间接与植物发生关系，所以可以说，一年中植物生长的季节，也就是采集昆虫的时间。一年中，就一般昆虫的活动情况来说，我国北方地区，每年4月就可以采到一些昆虫，6~8月为盛期，最易于采集，10月以后则渐少，所以一年中约有1/2时间适宜一般采集；我国华南亚热带地区终年可以采集。

②时间：采集时间要根据各种昆虫生活规律而定。一天中采集最好时间，一般为上午10时到下午3时，这段时间是昆虫最活跃的时间，遇到的昆虫最多，宜用网捕捉。不过要注意，有许多昆虫到黄昏才开始活动，它们当中有的种类成群飞翔，适于网捕。另外，夜间活动的昆虫种类比黄昏活动的还要多，用灯光诱集，能捕到很多种类。

（2）采集环境

昆虫分布非常广泛，到处可以采集，各类昆虫往往各有其喜好的环境，在这种环境下就容易采到这类昆虫，在另一种环境下则可采到另一类昆虫。所以在采集昆虫前，一定要熟悉昆虫的生活环境、各种昆虫的生活习性，然后去采集。昆虫一般栖息的环境，大致有以下8类。

①水中：水中生活的昆虫主要为鞘翅目和半翅目两类，它们生活史的各个时期都在水中，只是成虫由于趋光性的驱使，偶尔在夜间飞到陆上。另外，蜻蜓目、蜉蝣目、襀翅目等目的幼虫生活在水中。水生昆虫有的潜水生活，有的漂浮水面，池沼湖泊中多水草的地方是采集水生昆虫的理想环境。对于流水环境，要特别注意水边和水底的石块上，常有许多昆虫附着或在石块下隐藏。

②地面和土中：昆虫纲中绝大多数的目，都有在地面和土中生活的种类，所以这种环境极其广泛。采集时，要特别注意砖头、石块下面，尤其是比较潮湿的地方，常隐藏着各种昆虫，是采集的好场所。许多昆虫深入土中，或在地下作巢。等翅目的白蚁和膜翅目的蚁、蜂，都是土中昆虫的主要种类。蚁巢的洞口围有一圈土粒，白蚁巢则高出地面形如坟头，蝉的

若虫有的在地面作成泥筒，虎甲幼虫则在地下穿直洞等，这些都可以作为采集的线索。

③植物上：昆虫大多直接以植物为食，或以植物上的其他昆虫为食，所以植物和昆虫的关系最密切，是采集昆虫的最好环境之一。植物体上有不少现象可以帮助我们寻找昆虫。例如枝干枯萎常常是由于甲虫幼虫正在蠹食为害；枯心白穗可能里面有钻心虫、黄潜蝇或茎蜂等昆虫；卷叶缀叶表示其中有虫，常常是鳞翅目幼虫或象鼻虫等；枝叶上有蜜或生霉，说明枝叶上有大批蚜虫、介壳虫、木虱等昆虫寄生。

虫粪满地证明树上有昆虫，由粪的形状，可以大约知道是哪类昆虫。例如，天蛾幼虫不易发现，但根据地面上它的新鲜粪粒，垂直往上观察，就会发现它的所在位置；叶片变色或有斑点，常常是蚜虫、木虱、网蝽、蓟马一些刺吸式口器的昆虫取食的结果，翻看这种叶片背面，必能发现同翅目、半翅目以及缨翅目的昆虫；叶片被咬成缺刻，是咀嚼式口器昆虫取食的结果，在这种叶片上，常可采到鳞翅目、鞘翅目、直翅目的成虫、若虫或幼虫；潜叶和作虫瘿都是昆虫为害所致，潜叶昆虫包括鳞翅目、双翅目、鞘翅目和膜翅目等4个目的许多种类，致瘿昆虫除去上述4个目外，还有半翅目、同翅目、缨翅目等3个目；果实、种子被蛀食，主要是食心虫为害的结果等等。

④动物上：寄生在动物体上的昆虫也不少，除去虱目和食毛目全部寄生于动物体外，蚤目的成虫、双翅目、鞘翅目、半翅目等目的少数种类也寄生在动物体上，无论家禽、家畜、野鸟、野兽的体表，都可能有这些昆虫寄生。另外，还有一些蝇类幼虫寄生于兽类体内或皮下等处。

⑤昆虫上：昆虫本身也有许多昆虫寄生，如很多寄生蜂寄生在鳞翅目幼虫体内。采集鳞翅目幼虫或卵进行饲养，常可得到各类寄生性昆虫。

⑥垃圾和腐物中：很多昆虫是腐食性的，在垃圾和腐物中常有许多甲虫和蝇类集聚。

⑦灯光下：各目昆虫除去原尾目、双尾目、虱目、食毛目、蚤目等不具趋光性以外，其他各目几乎都具有趋光性。因此夜晚采集时最好的环境是在灯光下捕捉。

⑧室内：室内也有许多昆虫栖息，粮仓、冬季温室、都是采集昆虫的

好地方。

四、采集昆虫的一般方法

昆虫标本的采集是实习工作中最基础的工作，采集到昆虫的质量优劣、种类多少，关系到实习任务完成与否，因此必须努力做好采集工作。昆虫种类繁多，习性各异，应根据不同虫种的生活习性和栖息、活动场所，分别采用不同方法进行捕捉。采集昆虫方法很多，最常用的方法有以下几种。

（1）网捕法

网捕法是最常用的方法之一，捕捉有翅会飞的昆虫大都用此法。即用前面介绍的捕网捕捉飞虫，其操作步骤有下列几点——

①观察虫情：采集昆虫标本有定点采集和随机采集。a. 定点采集是预先选好某种昆虫经常栖息、活动的场所进行一定范围的搜索捕捉。如菜粉蝶多在甘蓝等十字花科蔬菜田间上空飞动，花椒凤蝶多在花椒树附近上空盘旋飞动，这些地方虫量较多，可选择性强，适于定点单项采集。b. 随机采集属于一般考察采集，在一定范围内广泛收集各类昆虫，或者遇到就采，或是有计划、有目的地择采。不论是定点采集还是随机采集，初到采集现场，不能操之过急，先要冷静地观察虫情。尤其是在虫量不多的情况下，更应仔细观察，摸清其飞动规律，包括飞动的高度、速度、方向等，结合当时的风向、风速等气象因素，再做好准备，开始挥网捕捉。

②顺势兜捕：摸清虫情后，待其再次飞临，可用目测方法判断出其飞动方向、高度和速度，结合风向、风速等条件，手握网柄、瞄准方位，等进入有效距离后顺势举网一挥即可捕之入网。所谓顺势兜捕，就是在静观不动的情况下，根据昆虫飞临方向，或迎面或从侧面选择最佳捕位，出其不意，一举入网，如一网失误，不必尾追，而是以逸待劳，一网不入，再等二网。

③翻封网口：一旦虫入网内，要随即翻转网袋，把网底甩向网口，封住网口，入网的昆虫才不致逃逸。挥网捕虫和翻封网口是连续、快速的两个动作，也是用网捕虫的一项基本功。两个基本动作如下页图所示。

④取虫入袋：入网的昆虫需立即取出。取虫时先隔网看清是哪类昆虫，

如果是蜂类，要用镊子夹取放入毒瓶中；如果是蝶、蛾类，不要用手捏翅，而要用一只手从网外捏住其胸部，并用力捏一下，使昆虫窒息，另一只手伸进网内，接过昆虫，从网中将昆虫取出，两对翅向上对叠，放入纸制三角袋中。其他昆虫可用手拿出放入毒瓶。慢

捕虫网的使用方法

顺势兜捕　　虫入网袋　　翻封网口

慢收缩网袋，减小它在网内挣扎活动的范围，然后待其稍停，趁势隔着网袋用手轻捏虫胸，使它停止活动，再用小镊子伸进网里，夹其翅基取出，放入毒瓶致死后转放到三角纸袋内。

（2）扫描法

在大片的草丛或茂密的小灌木丛中，用扫网扫捕昆虫，方便实用。方法是：一手握扫网柄，网口对准扫描方向，在草丛或灌木丛上方，向左、向右来回扫描并划"8"字形，一边扫一边前进。这样网内就会扫进一定数量的昆虫，并集中到底部的小瓶中，将扫到的昆虫倒入毒瓶中杀死，再倒在白纸上挑选，将需要的保存，不需要的扔掉。

扫捕时由于反复在植物上网扫，所以扫到的不仅有昆虫，而且还会有植物的叶、花、果实，这就需要进行挑选，挑选时最好用趋光分虫器进行。当扫描一段时间后，打开网底，将扫集物倒入随身携带的容器内，如果网底装有塑料瓶，则在瓶内装满扫集物时取下更换。返回住地后，将上述容器或塑料瓶中的扫集物倒入趋光分虫器中将虫分开，达到挑选目的。如果没有趋光分虫器，可将扫网中的扫集物直接倒入毒瓶，等虫被熏杀后，再倒在白纸上或白磁盘中进行挑选。

（3）振落法

有些昆虫具有"假死"的本能，这是一种简单的非条件反射，当虫体受到机械性（物体接触）或物理性（光的闪动）等刺激后，引起足、翅、触角甚至整个虫体突然收缩，由原栖息地落下，状似死亡，稍待片刻又恢

复了自然活动，这就是"假死"。如金龟子、小麦叶蜂的幼虫、棉象鼻虫等，受到突然振动后会立即从寄主植物上自行落下，假死不动，可趁机采集。

有些昆虫虽不具有假死性，但在其正常栖息取食时猛然摇动寄主植物，也会自然落下，如槐尺蠖等一些有吐丝下坠习性的鳞翅目幼虫和甲虫，就可用振落法收集。

对于高大树木上的昆虫，可用振落的方法进行捕捉。其方法是先在树下铺上一块适当大小的白布、塑料薄膜或采集伞，然后摇动或敲打树枝树叶，利用昆虫的假死的习性，将其振落并收集。用这种方法可以采集到鞘翅目、脉翅目和半翅目的许多种类。有些没有假死习性的昆虫，在振动时，由于飞行暴露了目标，可以用网捕捉。所以采集时利用振落法，可以捕到许多昆虫。

有些昆虫虽不易振落，但由于受惊而爬动或解除了拟态，暴露了真相，也利于捕捉。

（4）刷取法

有些在寄主植物上不太活动的微小型昆虫，如蚜虫、红蜘蛛等，用昆虫网很难扫入，用振落法又不易奏效，这时可用普通软毛笔直接刷入瓶、管内。刷取时要选择虫体比较密集的小群落，一笔即可刷取许多。要注意用笔尖轻轻掸刷，不可大笔刮刷而伤及虫体。

（5）搜捕法

有些虫体较小或栖息地点较为隐蔽的昆虫，需根据它们存在的某些迹象进行仔细观察搜索才能找到，如蚜虫生活在植物的嫩芽或叶下面，使植物的叶卷缩变形。同时由于它们分泌蜜露，因此在同一地方也可以找到蚂蚁、食蚜蝇等昆虫。在枯死或倒下的禾苗基部附近能找到地老虎、金针虫、蛴螬等地下害虫。在腐木或树皮下能找到各种甲虫，在较老的树皮下，可找到木蠹蛾、灯蛾的幼虫及多种鞘翅目昆虫，如天牛幼虫、叩头虫幼虫、金花甲等；在石块下面可以找到蝼蛄、蠼螋、蟋蟀等；在土壤中可找到蛴螬、金针虫、地老虎幼虫等；在存水的树洞中，可采到双翅目昆虫，如蚊的幼虫；在水中能采到蜉蝣目、蜻蜓目、翅目的昆虫和半翅目的水黾类、鞘

第四章　无脊椎动物标本的采集与制作

翅目的龙虱等；在高山、森林、沼泽、湖泊的沿岸可采到双尾目、原尾目、弹尾目等无翅昆虫。

因此，树皮下面、朽木当中是很好的采集处；砖头、石块下面也是采集昆虫的宝库，可以到处翻动砖石土块，一定有丰富的收获。采集无翅亚纲的双尾目、弹尾目、原尾目等，更要依靠搜捕法。另外，遇到蜂巢、鸟兽巢穴，不要放过，因为会有许多昆虫栖息其中。蚁巢和白蚁巢中有不少共生的昆虫，如注意搜索，会有很大收获。在秋末、早春以及冬季里，用搜索法采集越冬昆虫更为有效，因树皮、砖石、土块下面，枯枝落叶中，甚至树洞里面都是昆虫的越冬场所。

发现这些小昆虫时，要用吸虫管捕捉或用毛笔刷入瓶中。总之，注意在不同的环境中搜索，可以得到不少稀有种类的昆虫。对于枯枝落叶中的昆虫，可以连同枯枝落叶一起带回，用烤虫器或采虫筛等工具分离。

（6）诱集法

利用昆虫对光线、食物等因子的趋性，用诱集法进行采集，是极省力而又有效的方法。利用昆虫的趋光性、趋化性、食性的不同诱集昆虫，也是采集昆虫的重要方法，常用的诱集法有以下几种。

①灯光诱集

多种昆虫具有趋光性，主要是因为它们复眼的视网上有一种色素，这种色素只吸收某一种特殊波长的光，刺激视神经，通过神经系统影响运动器官，从而使它们趋向光源。利用这一特性，可以设计各种各样的诱灯来诱集昆虫，如手提汽灯、节能灯、黑光灯、煤油灯笼等。将灯放在野外或房间附近，就会诱集来许多昆虫，如夜蛾、灯蛾、尺蠖蛾、天社蛾、毒蛾、木蠹蛾、枯叶蛾、卷叶蛾等各种蛾类；各种甲虫类如象甲、叩头甲、步行虫、虎甲、斑蝥、隐翅甲、萤火虫、金龟子和一些膜翅目、直翅目、脉翅目的昆虫。

同学们可以采用前面所讲的支柱式黑光灯诱虫装置来诱虫。架设黑光灯可用木杆或铁制三脚架。一般在比较开阔的田野上，灯管下端，以距地面 1.7 米左右为宜；如在特殊作业区，如高秆作物（玉米、甘蔗等）区，需高出植株 0.35~0.7 米左右，以免灯光被遮掩。

毒瓶在需要用的时候再安放,当晚作业完毕即行收回。如属临时定点采集,开灯时间以当地傍晚常规点灯时间为准,一般需延至次日2~8时,由于不同的时间有不同的昆虫出没,所以应组织好人力分班轮流看守,坚持采集。如属定点常年系统收集,则需用大型毒瓶,内放纸条,锁在固定灯架上的木匣中,通宵开灯,次日天明关灯,取回毒瓶,分拣标本。还有的利用旧闹钟改制成定时开关,为的是避免过时耗电。

灯光诱捕的方法很多,不论是使用油还是电作能源,都必须注意安全,尤其是在山林附近,更得遵守林区守则,注意防火,夜间灯下作业每组需配备2~8名作业人员。

②糖蜜诱集

蝶蛾类喜欢吸食花蜜,许多甲虫和蝇类也常到花上或集聚在树干流出的含糖液体上。利用昆虫这种对糖蜜的趋性,可以在树干上涂抹一些糖浆进行诱集。一般用50%红糖、40%食用醋、10%白酒,在微火上熬成浓的糖浆,用时涂抹在树林边缘的树干上,白天常有少量蛱蝶等蝶类飞来取食,夜间则可诱到许多蛾类和甲虫。用手电筒照明检查,凡停集的用毒瓶装,飞动的用网捕,大型蛾类可直接用注射器注射石炭酸毒杀。使用糖蜜诱集时,要注意蚁类和多足纲动物也喜食糖蜜,常将所涂抹的糖浆霸占,使别的昆虫不敢前来取食。可在涂有糖浆的树干下面圈上一圈黏纸,使这些动物无法接近糖浆。

③腐肉诱集

利用某些昆虫对腐肉一类物质的趋性进行诱集,也是一种有效的采集方法,尤其适于采集各种甲虫。诱集时,将一个玻璃瓶埋在土中,瓶口与地面相平,瓶内放置腐肉或鱼头一类腥臭物,如果瓶口较大还应在瓶口上方用树枝或石块进行遮盖,以防鼠、鸟衔食。过些时候检查,则会有许多甲虫落入瓶中。腐肉诱集的甲虫主要为埋葬虫、隐翅虫、阎魔虫以及一些金龟子等。

④异性诱集

有一些昆虫的雌性个体能释放一种性信息素,将距离很远的同种雄性个体吸引到身边进行交配。如舞毒蛾、天蚕蛾、盲蝽等。根据昆虫的这一习性，可将采到的或饲养出的雌蛾囚于小纱笼内，挂在室外，则能诱来许多同种的雄蛾。但雌蛾一定要用没有交配过的，因为雌蛾一旦交配，便停止释放性信息素了。

(7) 水网法

水栖昆虫采集可用水网捕捉，水网的种类和制法在前边已讲到。捕捞水中的昆虫可使用拖网，捕捞水下的可用铲网。将水边的藻类等连同泥沙一起捞起，可以采到蜻蜓目、蜉蝣目的幼虫和半翅目、鞘翅目的昆虫。

五、几种主要昆虫采集法简介

上面介绍的各类采集法是指一般方法。由于各类昆虫的构造和生理特征上的差异，各类昆虫又有不同的采集处理方法。为了保证采集昆虫的质量，下面再介绍对几类昆虫的采集方法。

(1) 鳞翅目昆虫

鳞翅目昆虫包括蝶类和蛾类，其中有最美的和最大的昆虫，也有微小的和非常脆弱的昆虫。它们的身体和翅上都被盖着鳞片，这些鳞片极易脱落，一旦擦去一部分，不但使标本失去了美丽，而且也降低了标本的价值，所以在处置标本时要特别注意这一点。蝶类是日出性昆虫，蛾类是夜出性昆虫。因此捕捉蝶类昆虫应在上午10点到下午2点这段时间，并且要到草地或花丛等处；捕捉蛾类则要在傍晚。在捕捉到蝶、蛾类的较大昆虫后，除用手将其胸部捏一下使其窒息外，还要在腹部用注射器注入氨水或草酸溶液，以便彻底杀死它们。

(2) 双翅目昆虫

双翅目昆虫包括蚊、蝇、虻、蚋等仅具有1对翅的昆虫，这类昆虫身体细小，要用吸虫管采集。由于体表常有刺毛等构造，极易损坏，所以采到的标本不能与其他昆虫标本混合存放，要单独用指形管或小瓶存放。在采集这些昆虫的标本时，要注意了解它们的生活环境。如食蚜虻、长吻虻、寄生蝇等常喜欢停留在花丛间，其他双翅目昆虫多分散在池沼、小溪边。

(3) 膜翅目昆虫

膜翅目昆虫包括各种蜂类和蚂蚁，其中有体形极为微小的，如寄生蜂等。体形很小的要单独用小毒瓶装起杀死；体形大的种类可放到大毒瓶中杀死。但它们将死时会从口中冒出大量蜜汁一类物质，容易损坏毒瓶中其他标本，因此毒死后要及时取出单独存放。这类昆虫常可在花丛中、树木上或地面等处找到。

（4）鞘翅目和半翅目昆虫

鞘翅目包括各种甲虫，半翅目包括蜻象类等昆虫，这两类昆虫一般体壁坚硬，在毒瓶中可以活得很久，所以采集到的这类昆虫最好在毒性较大的毒瓶中单独存放，避免相互碰撞损坏标本。这类昆虫通常飞行较少，行动较慢，容易捕捉。

（5）直翅目和螳螂目昆虫

直翅目中的蚱蜢、蝗虫、蟋蟀、纺织娘等昆虫，螳螂目中的螳螂，这类昆虫在毒瓶中也是比较难毒死的，放在毒瓶中的时间可长一些或在毒瓶中添加药液，使其尽快死亡。

下面介绍几种蝴蝶的采集方法：

（1）蝴蝶在空中：挥动捕蝶网，待蝴蝶入网后，将网底向上甩，连同蝴蝶倒翻到上面来。

（2）蝴蝶在花上：先靠近蝴蝶，再惊动它，待它飞起后，猛挥蝶网，在花朵上方将蝴蝶捕入网内。这样可以避免将花朵一同挥进网里。

（3）蝴蝶在地上：靠近蝴蝶，用盖压的方法，将蝴蝶罩入网，再用右手将网底拉起，使蝴蝶向上飞，左手封住网口，这样，蝴蝶就逃不掉了。

（4）蝴蝶在树干上：用网口较小的捕蝶网，顺着树干自下而上靠近蝴蝶，向上挥动蝶网，网底要向上甩。

（5）蝴蝶在树叶上：将捕蝶网从叶侧面和上方靠近蝴蝶，注意不要碰动四周树枝。

（6）蝴蝶在阳光下：将捕蝶网从迎光的一面靠近蝴蝶再加以捕捉，以避免捕蝶网的投影将蝴蝶惊飞。

（7）蝴蝶再有刺的植物上：要等蝴蝶飞起后再捕捉，否则，植物上的棘刺会将蝶网纱钩住，拉破。

（8）诱捕蝴蝶的方法（昆虫、蛾可以用灯光）：①将腐烂的桃、香蕉等果实放入铁罐中，放在太阳下曝晒，促使其发酵。放置地可选择在山林小路上。②将红糖、醋、黄酒掺在一起，加热后熬成糖浆。放置地可选择在粗大的麻栎树干上。③用适量的盐溶化在水中，制成淡盐水。在郊野小溪旁，挖一个10厘米深、50厘米直径的小坑，然后泼进盐水。④将先捕到的雌性成虫用标本针定位在花上、草地上和水边，可诱来雄蝶。⑤将各色花纸剪成花型，放置在草丛中。

对于其他昆虫，可根据上面的思路设计捕捉方法。

六、采集昆虫应注意的事项

能够做标本的昆虫要完整无损，这样才有观察研究的价值；昆虫有变态习性，同一种昆虫有不同形态，各形态阶段都要采捕，以便做生活史标本。因此，采集昆虫时，要注意以下方面：

（1）全面采集

采集要全面要细心，凡采集到的昆虫不论大小要一律保管好，不能只要大的不要小的，只采漂亮好看的，不采丑陋的，也不能只采飞的跳的，不采不动的。初学昆虫采集的人，往往只采体型大的，不采体型小的；专采色彩鲜艳的，不采色彩暗淡的；只采特殊的，不采普通的；有了雄的不要雌的；有了成虫不管幼虫；只看到飞的而不去找隐蔽的，等等。然而昆虫中绝大部分都是一些体型微小、行动隐蔽和色彩暗淡的种类，不少重要害虫和珍贵种类往往出自这类昆虫。

此外，还要注意采集变态昆虫的雌虫、雄虫、成虫、幼虫等不同发育阶段的个体，为了了解昆虫的生活史，这些都是研究的重要材料，不应随便取舍，所以必需全面采集。

（2）标本完整

注意标本完整性。在采集过程中尽量不损伤昆虫的各个部分，如附肢、触角、翅等。否则就降低了标本的价值，给标本的鉴定研究带来困难。

如果一份昆虫标本破烂不堪，翅破须断，对研究来说非常不便，其学术价值就会大为降低，甚至完全无用。所以无论采集什么昆虫，不管使用什么工具和方法，都要尽量使采到的昆虫保持完整，这就必须注意采集、毒杀、包装、保存、运送、制作等每一个环节，都要用正确的方法进行操作。

虽然标本应尽量争取完整，但也不是说有一点残缺就不要了，尤其是稀少的种类或只有1~2个标本，即使再破也要保留，在没有确定它的价值以前，绝不要随便舍弃。

（3）正确记录

所有标本均应有采集记录。记录内容包括采集号数、采集日期、采集地点、采集人姓名、栖息环境、寄主名称、采集点的海拔高度、生活习性等。其中采集日期、采集地点和采集人三项最为重要，应详细记录。昆虫采集记录无统一记录表格。为了野外记录方便，可按上述记录内容，自行设计采集记录表，印制成册，以利于记录和保存。同时、同地所采标本要单独一处存放，不要混放。

及时做好完整全面的记录。采到标本一定要及时做好记录，如采集时间、地点、采集人、采集环境、昆虫大小、体色等。不知名的昆虫，要编好号。若是害虫，还要记上危害情况、发生数量等。

（4）保护昆虫资源

采集昆虫标本时，所采的种类和个体数量，应以需要为依据，不要滥杀乱采。尤其是稀有种类和本地区特有种类，更应加以保护，因为稀有种和特有种，都是分布地区很窄，个体数量极少的种类，如果一网打尽，则以后不易再采到，甚至可能因此而绝种。

七、昆虫标本的制作

采集来的昆虫标本要及时作好处理，以便能长久而完整地保存下来。虽然制作昆虫标本比制作大中型脊椎动物标本较容易，但要制成真正合格的成品也不简单。制作昆虫标本和制作其他标本一样，要本着"精心设计，精心施工"的原则，把平凡的系列操作认真贯彻到每个步骤中，才能制成以科学性为主，以艺术性为辅的栩栩如生的合格标本。

昆虫在生长发育过程中要经过一系列外部形态和内部结构的变化，由卵开始到孵化出幼虫，再经化蛹而羽化出成虫，这种变态类型称为"完全变态"。有的昆虫从卵里孵化出的幼虫与成虫的形态结构基本相似，不再化蛹而直接成长发育为成虫，这种变态类型称为"不完全变态"。另外还有其他变态方式的昆虫。由于昆虫的种类不同，变态类型又不一样，这就给采集和制作比较完整配套的昆虫标本带来了困难。

在制作昆虫标本时，必须针对虫种、虫态、虫体结构、制作目的等，分别采用不同的制作方法制成标本。制作昆虫标本的方法一般可分为液浸和干制两大类，不论采用何种方法，制出的标本都以保持虫体完整、姿态自然、特征暴露充分为首要原则。

(1) 昆虫干制标本的制作

绝大多数的昆虫都可用干制法制成标本长期保存。干制昆虫标本在教学、科研、科普展览等方面有重要应用。用干制法制作昆虫标本需要一定的操作技术。使标本干燥以后，用昆虫针固定在标本盒里长期保存，这种昆虫标本称为干制标本。干制标本的制作多用于体型较大，翅和外骨骼比较发达的成虫。蛹和幼虫经过人工干燥以后，也能作成干制标本。

①成虫干制标本的制作

a. 软化。

采回的昆虫标本如不及时制作，放置时间一久，躯体就会干燥，关节、翅基会变得僵硬。这样的标本用来加工展翅、调姿，事先需要进行软化处理，否则不能动手操作。较稳妥的软化方法是把标本放入还软缸内，置放一定时间，待躯体、翅基、关节等软化灵活后，再按新鲜标本的方法来加工制作。存放在标本盒和标本柜内的昆虫标本，如果存放日久，虫姿变形，也可以把它们放到还软缸里，待软化后再重新调姿。

还软缸

还软缸（如右图所示）和干燥缸一样，只是在缸底放入湿沙，把要还软的标本放入缸内的瓷屉上（如果标本是装在三角纸袋内的，可连同纸袋一起放入缸内），同时把缸盖盖严。由于缸内湿度较大，逐渐润及标本，这就使虫体关节、翅基等关键部位得以软化。

还可以直接用干燥器软化，先在干燥器内底部铺上潮湿的细沙，再将装有昆虫的三角包放在干燥器内磁盘上，为了防止标本发霉，应在沙面上滴上几滴石碳酸或甲醛溶液，最后将盖盖严。如果使用广口瓶，可在瓶内潮湿细沙上放一张滤纸，再在滤纸上放置装有昆虫的三角纸包。如果需要软化的昆虫不多，也可将三角纸包放在潮湿的净土层中，外面罩个玻璃罩进行软化。

进行软化的昆虫标本，由于虫体大小、质地以及放置时间不同，软化所需的时间也不一样。因此，标本放进缸内后要经常检查，检查时可用小镊子轻轻触动各关键部位，如果发现已经适当软化，就应立即取出，以免因软化时间过长，整个标本变得过度湿软而报废。此外，还要注意缸内标本切勿触及湿沙、浮水。一般情况，夏季 3~5 日，冬季 1 周就可使昆虫软化如初。

b. 针插。

干制的成虫标本除垫棉装盒的生活史标本外，一般都用插针保存。

a) 昆虫针的型号。昆虫针主要是对虫体和标签起支持固定的作用。目前市售的昆虫针都用优质不锈钢丝制成，针的顶端镶以铜丝制成的小针帽，便于手捏移动标本。按针的长短粗细，昆虫针有好几种型号，可根据虫体大小分别选用。如图所示。

目前通用的昆虫针有 7 种，系用不锈钢制成，由细至粗，共有 00 号、0 号、1 号、2 号、3 号、4 号、5 号等 7 个级别。从 0 至 5 号，6 个级别的针都带有针帽。只有 00 号不带针帽，其长度仅为其他各号针长的 1/2。

0 号针最细，直径 0.3 毫米，每增加一号其直径增加 0.1 毫米，0~5 号针的长度为 39 毫米。另外还有一种没有针帽的很细的短针，也叫"微针""二重针"，是用来制作微小型昆虫标本，

各种型号的昆虫针

插在小软木块或卡纸片上的；00号针自针尖向上1/3处剪下即可以作二重针使用。

b) 针插部位。还软的昆虫，要用昆虫针穿插起来。针插时，先要根据虫体的大小，选择适宜型号的昆虫针，即虫体小使用小型号针，虫体大使用大型号针。0、00号昆虫针专供穿插微小昆虫时使用。

昆虫种类不一，插针的位置也有所不同，这是由各种昆虫身体的特殊结构所决定的，在国内外都有统一规定，绝不能随意更动，以免破坏被插昆虫的分类特征，使标本丧失完整性，甚至影响分类鉴定。

蝶蛾类等鳞翅目昆虫的插针部位在中胸背板中央；蜜蜂、胡蜂等膜翅目昆虫的插针部位在中胸背板靠近中央线的右上方；椿象等半翅目昆虫的插针部位在小盾片略偏右方；蜻蜓、豆娘等蜻蜓目昆虫的插针部位在虫的中央；金龟子、各种甲虫等鞘翅目昆虫的插针部位在右翅鞘的内前方；蝗虫、螽斯等直翅目的插针部位在前胸背板后方，背中线的偏右侧；蝇类等双翅目的插针部位在中胸靠右方。具体参照如图示。

昆虫插针部位图示

c）插针方法。用镊子或左手捏住昆虫的胸部，右手拿住昆虫针，从应插入部位插入。插针时，务必使昆虫针与虫体成 90°角，避免插斜而造成标本前后、左右倾斜，如下图所示。

针插的高度及正确虫姿　　　针的上端过长　　　虫体躯倾斜

插针方法

对于微小型昆虫如跳蝉、飞虱等不能直接插针，需用微虫针穿刺或用胶液粘在小三角纸卡上，然后用昆虫针固定。此法又名"二重针刺法"，其操作方法如下。

其一，二重针刺法：用小镊子夹起虫体，按规定针位用微虫针垂直刺穿，并把标本插在小软木块上。然后用昆虫针穿插小木块。以三级台固定虫位，加插标签，标本和标签都位于昆虫针的左边。如右图所示。

二重针刺法

其二，胶粘法：把普通卡片纸剪成底边长 0.4 厘米，高为 1 厘米的微型三角卡，用昆虫针针尖蘸一点乳胶，轻轻点在三角卡尖端上，然后用针尖把虫体粘起，放在点有胶液的三角卡尖端，并迅速向后撤针，以免把虫带起。这一操作最为关键，主要是针尖上胶液不能过多，再就是靠熟练的操作技术。粘好的标本如需调整，可用昆虫针针尖拨挑，如下页图所示。

d）虫在针上的位置。已插好针的标本，要进一步调整虫体在针上的适当位置，并使附插标签各就各位，做到层次分明、规格一致、便于移动、利于观察。插针时如虫位过高，即针帽与虫体距离过短，手指移动标本时就容易触伤虫体；虫位过低又影响下面所附插的标签。为了使虫体和标签保持适当距离，一般都是用三级台（又称平均台）来进行调理。三级台的制备和使用方法如图所示。

三级台用优质木块或有机玻璃板按一定尺寸分层制成，其总体长度为 75 毫米，宽 25 毫米，每层面积 25 平方毫米。最下层的厚度是 10 毫米，中层比下层高出 8 毫米，最高层比中层又高出 8 毫米。各层台面中央以 5 号昆虫针帽为准，垂直穿一针孔，其中最下层针孔直穿到底，中层针孔只穿到本层底，最高层针孔穿到中层底。

胶粘法

使用方法是将已针刺的标本反过来，针帽朝下，插入最下层针孔的底部，用镊子轻推虫体，使虫背紧贴本层台面，这样就算定好了虫背至针顶间的距离，所以此层又名"背距层"。然后将记录采集地点、日期的小标签放在最高层台面上，用确定

三级台

了背距的针尖在标签的右端直穿至本层孔底如此又定下了采集地点、日期标签所在的位置。最后，定名的小标签是在中层针孔上插好的。于是，虫体、标签就都用三级台定好位置了。

二重针上的三角纸及软木条，插在三级台的第二级高度，虫体背部至针帽的距离，相当于三级台的第一级高度。体型较大的昆虫，可使下面两个标签的距离靠近些。

c. 展翅。

对于无翅昆虫和鞘翅目、半翅目等目的昆虫标本，在针插后，只需把触角和足整理好，标本制作就完成了。但对大多数有翅昆虫来说，为了便于观察和研究，针插后还必须进行展翅。

同学们初学展翅常会感到无从下手，一不小心，翅面就破了，甚至残

损报废，留之无用，弃之可惜。因此，同学们练习展翅技能时，宜选用虫体大小适中、虫翅比较柔韧的虫种，如菜粉蝶。

菜粉蝶也叫"菜白蝶""白粉蝶"，属鳞翅目、粉蝶科，在我国分布比较普遍，一般甘蓝、白菜、萝卜田间以及其他十字花科、豆科、蔷薇科等植物上都能采到。菜粉蝶一年中繁殖世代较多，虫态叠置，在甘蓝植株上常可同时采到卵、幼虫、蛹及植株上空飞舞的成虫，这对试制整套生活史标本十分有利。菜粉蝶的翅较柔韧，展翅时容易拨挑整理姿势，适于练习展翅的基本操作。对菜粉蝶的展翅技术熟练之后，练习其他蝶蛾类的展翅就比较方便，可收到循序渐进、触类旁通的效果。

a) 展翅板展翅法。蝶蛾类昆虫标本，需要展翅保存，一般采用在展翅板上展制。展翅板的构造如右图所示。

制作展翅板宜选用质量轻软的木材，如杉木、泡桐等木料制作，主要是质柔便于插针，尺寸可按图示比例制定。板面保持一定斜度，主要是为了展翅时使虫翅略为上翘，待干后虫翅回缩正好展平。右侧板面前后两端与底托凹槽的接触部分，各镶一条与凹槽相吻合的横

1.斜坡板面　　2.沟槽　　3.凹槽底托
4.调解旋钮　　5.软木槽底

展翅板的构造

木条，便于在槽内左右推动以调整沟槽的宽度。在底托右侧凹槽上穿孔安一个螺丝作为旋钮，如图中的 4 所示，为的是固定沟槽的宽度。沟槽底部贴一条软木板，用以插针，如图中 5 所示。

也可把展翅板做成固定式的，需多做几种沟槽宽窄不一的样式，以便根据虫体大小来分别选用，如图所示。

用展翅板展翅的操作步骤如下：

其一，调整工具。使用活板式昆虫展翅板，需先根据虫体（头、胸、腹）的粗细移动右侧板面，使虫体正好纳入槽内，以左右两侧不触及板体为准，不过宽或过窄，然后拧紧旋钮。

接着把插好针的虫体放进沟槽，针尖插在底部软木板上，并用小镊子上下调理虫体，使虫体背面与沟槽口面相齐。为使虫体稳定，可在其腹部两侧加插大头针固定，以防在展翅时左右摆动，干扰操作。

固定式昆虫展翅板

其二，制备纸条。展翅时主要是用大头针和纸条来固定虫翅，纸条的长度和宽度根据翅面大小来定。所用的纸应选择韧性较强、不易拉断的白纸，并按纸的纤维条理顺向剪开，这样的纸条就不会在固定虫翅时一拉就断。

不宜选用透明玻璃纸或其他透气性较差的纸，以免影响虫翅干燥而使翅面发皱。纸条制备不当，会影响展翅操作，既耗时间，还损害标本质量。

其三，挑翅固定。虫体在沟槽内固定后，就可以进行展翅了，一般直翅目、鳞翅目、蜻蜓目的昆虫，使两前翅后缘左右成一直线，后翅也展成飞翔状；双翅目、膜翅目的昆虫使前翅的顶角与头左右成一直线。

操作时，先展左侧前后翅，再展右侧前后翅，这样便于照顾两对翅的左右平衡。同侧的前后翅中，先展前翅，再展后翅。用纸条在前翅基部附近把虫翅压在板面上，纸条上端用大头针固定在翅前方稍远一点的位置上，左手拉住纸条向下轻压，右手用解剖针或昆虫针向上轻挑前缘。挑翅时要选择翅前缘较硬些的翅脉。此时边挑前翅，边看前翅内缘，挑到前翅内缘与虫体体轴垂直，再稍向上挑一点，以待虫翅干燥后向下回缩，正好与体轴相垂直，如下页图所示。

蝶翅的各缘

然后把左侧触角沿前翅前缘平行压在纸条下面，接着挑展后翅。在不

初展翅时四翅位置

干燥后四翅位置

展翅前后的四翅位置

掩盖后翅前缘附近的主要斑纹特征的情况下，把后翅前缘挑在前翅内缘的下面，并拉直纸条，平盖在前后翅的翅面上，下端用大头针固定。用同样的方法，把右侧前后翅分别展开，同时也展开右侧触角，固定纸条，则左右两对虫翅便初步展成。为了加固翅位，保持翅面平整，在左右两对翅的外缘附近，再各加压一纸条，如右图所示。

不论是加固还是调姿用的大头针，都要大头向外斜插，既可加固针位，又不妨碍操作观察。

其四，调整虫姿。展翅后的标本，将昆虫头部端正，触角成倒"八"字形，腹部如内脏太多，可在展翅前将内脏取出，塞入适量脱脂棉。如果腹部向

展翅板展翅

下低垂，可在下面垫些脱脂棉或软纸团向上托起；如果腹部向上翘起，则可用小纸条把腹部下压，以大头针固定。其他部位需要调姿时，也可照此办理。

其五，干制标本。展好翅、整好姿的标本，即可连同展翅板头朝上尾朝下地垂直挂在干燥的墙壁或木板上。要注意避免日晒，防止被其他昆虫咬损。一般 7~10 天即可干妥。

其六，撤针取虫。标本干妥后，即可轻轻撤针，去掉纸条。应先撤两侧外边的纸条，再撤靠近翅基的纸条。不可胡乱撤针，以免损伤标本。撤针后用三级台调整虫位，加插标签。

其七，入盒保存。制成的展翅标本，可以放入标本盒（柜）内长期保存。

为了便于记住展翅操作要点，可记住四句口诀：针穿中胸槽内镶，四翅紧贴板面上，前翅内缘调角度，后翅前缘摆妥当。

b）平板展翅法。蝶蛾类昆虫除用展翅板展翅外，还可用平板展翅。平板可选用平整的厚纸板，如瓦楞纸板，可发性聚苯乙烯泡沫塑料（俗称克发或泡沫塑料）板等。版面的大小可自由选定。展翅方法如下：

其一，将虫体腹面朝上，用昆虫针在虫的中央刺穿插在平板上，使虫背紧贴板面。

其二，用展翅板展翅一样的方法展开四翅，但后翅前缘要压在前翅的内缘上。

其三，干后撤针去掉纸条，轻轻退下原插的昆虫针，换上一根比原针稍粗的昆虫针，按原针孔插入虫的中央，再在三级台上调理虫位，加插标签，即可入盒保存。如图所示。

平板展翅示意图

c）微小型昆虫展翅法。有些微小型蛾类，因虫体较小，用板槽过大的展翅板展翅不方便，可以制备一种挖槽的小木块来展翅，称为展翅块，如图所示。

展翅块面的大小，一般是35毫米×35毫米或35毫米×25毫米，上面开1道或2道5毫米宽的沟槽。沟槽的底部中央穿一针洞，为稳定针位，可在针洞内塞一点棉花。

将已插针的标本插在槽底的针洞内，按照展翅板展翅的方法，先展开左侧前后翅，不用大头针和纸条，而是用细线（缝衣用的棉线或尼龙线，木块边棱处有小刀刻缝，线即嵌在缝中）压住已调好翅位的翅面。然后将线拉向右侧，用同样的方法展开右侧的前后翅，最后把线固定在另一缝中。

为了避免细线损伤翅面或干后留有线痕，可在翅面上垫一小块比较光滑的纸块，即可保持翅面平整无损。

d）蝶蛾类胶带贴用法。在日常使用中，蝶蛾类插针标本往往因为经常取放和传递观察而损坏，同时又鉴于蝶蛾类主要特征多位于翅面，因此，用透明胶带粘贴双翅制成贴翅标本，在教学中有一定应用价值。这里简要介绍几种贴翅标本的制作方法。

展翅块

其一，单面贴用法：根据翅面大小，选用2~4厘米宽的透明胶带和与翅面颜色相近的电光纸。

第一，用小镊子分别从翅基部取下4翅，任取1翅放在电光纸上，用胶带盖贴。盖贴时把胶带一端粘在翅前方的电光纸上，向下徐徐把胶带拉平，先贴住翅缘，再盖贴翅面，最后贴在翅面下的电光纸上，把胶带剪断。

第二，依次把4翅一一用胶带贴妥。用小圆头镊子尖沿翅边缘把胶带和电光纸压粘，使之更加牢固。

第三，把已压边的4翅一一沿翅边缘外圈剪下，剪边时最好用小弯头剪刀，以便于弯转剪边。纸边要宽窄适度，过宽会失真，过窄则胶带和纸边不易粘牢。如下图所示。

贴剪四翅

第四，把已剪好的四翅，按展翅位置用胶水粘贴在一张大小适中的卡片纸上，接着再粘好触角。在卡片的下方注明标本名称、分类位置等，贴翅标本即告完成，如右图所示。

这种单面贴翅标本，只能看到翅的正面，不能看到翅的背面，一般多用于展览观看。

其二，双面贴用法：与单面贴翅标本不同，双面贴翅标本正反两面均可看到，便于观察特征，容易保存。其操作方法如下。

单面贴翅标本

剪下一段比虫体稍为宽大的透明胶带作为"载胶带"胶面向上平铺在玻璃板上，铺放时不要触及胶面，暂时将四角固定。将已取下的四翅，按展翅位置一一贴在载胶带上，要求贴平，一次贴好，因为贴后翅面不易移位矫正。接着把触角也贴在适当位置，并在标本下方加贴双面书写的小标签。

再剪取一段与载胶带大小相同的胶带作"盖胶带"，胶面向下先与载胶带的上边粘贴吻合，然后向下慢慢紧盖翅面，要稳帖平整，不产生气泡或皱褶，直到盖胶带与载胶带全部吻合，即可作为双面贴翅标本予以保存，如下图所示。

双面贴翅标本

其三，胶片贴用法：这种方法是用制作幻灯片的无色透明胶片做载胶片，以透明胶带做盖胶片的贴翅标本法。这种贴翅标本可将数种不同种的虫翅粘贴在较宽大的一张胶片上，便于分类观察。其操作方法如下：

先将胶片裁成八开或十六开纸张大小，再按欲粘贴的各种标本尺寸和贴放位置作好全面布局。

把其中的一种虫翅在预定位置按展翅虫姿连同触角一起平放在胶片上。由于胶片光滑，虫翅不易放稳，可在虫翅边角上微沾胶水予以暂时固定，触角上也照此暂时固定在适当位置上。标本下方放一两面写字的说明标签，最后用透明胶带将虫翅和标签全部粘盖。用这方法把其他各种虫翅也分别粘贴在胶片上，即成为胶片粘贴的分类标本，如下图所示。

1 胶片　　2 胶带　　3 双面标签

胶片贴翅标本

②成虫剖腹干制标本的制作

有些腹部较粗的成虫，如蝗虫、螽蟖等，欲制成干制标本，需将其内脏及脂肪等清除干净，填充脱脂棉，才易于长期保存。操作方法如下：

a. 将已死的虫体，用小解剖剪从腹面中央第二节至第五（或七）节剪开一纵缝。

腹面剖开示意图

b. 用镊子把胸腔、腹腔中的内脏和脂肪等内含物全部清除，再用脱脂棉把胸腔、胸腔的内壁擦拭干净。

c. 将脱脂棉撕成若干小块，用小镊子夹起小块脱脂棉沾上些樟脑粉，一块一块地向胸腔、腹腔内填入，直到填满体腔，恢复原来的虫态为止。

用镊子清除内含物

d. 把开缝处的棉纤维用镊子掖平掖好，再把开缝两侧的虫体表皮拉回原位展平。以后随着干燥，表皮逐渐回抱，无需线缝，开缝就更加吻合了。

e. 把虫体用昆虫针按规定针位插针固定在整姿板（厚纸板或聚丙乙烯板）上，整理虫姿。

f. 用大头针先固定三对足，一般是前足向前伸，中后足向后伸，摆出前足冲、中足撑、后足蹬的姿势，显示出跃跃欲跳的神气。然后用大头针把触角向两侧展开，连同整姿板平放干燥。

g. 标本干妥后，撤去大头针，用三级台固定虫位，加插标签，即可放入标本盒（柜）内保存。

成虫剖腹干制标本的操作口诀：腹面中央下剪刀，内脏脂肪往外掏，棉沾樟脑要填满，严覆剪口姿整好。

③幼虫干制标本的制作

幼虫制成干制标本,一般采用吹胀法,具体制作方法如下:

将躯体完整的活幼虫平放在较厚的纸上或解剖盘中,腹面朝上,头向操作者,尾向前展直。用一玻璃棒(或圆木棍、圆铅笔杆)从头胸连接处向尾部轻轻滚压,使虫体内含物由肛门逐渐排出,以后逐次用力滚压数次,直到虫体的内含物全部压出,只剩一个空虫皮壳为止。注意操作时要轻、慢,不能急于求成,不然,用力不当可能胀破尾部,损坏标本。滚压时还要注意不要压坏虫体表皮或体表上的刺、毛。

取来医用注射器(带针管、针头,其大小可根据虫体大小而定),拉空针管将针头插入肛门,不宜过深,但过浅又易脱落,然后用一细线将肛门与尾部插针处扎紧,余线剪断。

将已插入针头的虫体连同注射器一起移到烘干器上加温吹胀,烘干器实际上是一个放在酒精灯架上的煤油灯罩,把扎在注射器上的虫体轻轻送进灯罩,即可点灯加热。

一面加热干燥,一面徐徐推动针管注入空气,这时要注意边注气边看虫体伸胀情况,并反复转动虫体,使之烘匀。待恢复自然虫态时即停止注气。虫体烘干后,即可移出灯罩,在尾部结扎细线上滴一滴清水,用小镊子把扎线退下,用一粗细适当的高粱秆或火柴棍从肛门插入虫体,插入的深度以能支撑虫体为度。然后在杆(棍)的外端插上昆虫针,用三级台固定虫位,插上标签,这时一个干制幼虫的标本就已经制成了。另外,也可以用一根昆虫针扎穿一小块软木,再在小软木块上缠一细铁丝向左侧伸直,在铁丝上抹上乳胶,把干制的虫体粘在铁丝上。还可以在虫体腹面稍点一点乳胶,粘在用幻灯胶片剪成的小胶片上,然后在胶片的另一端插一标本针加以固定。

幼虫吹胀操作要点的口诀:腹面朝上头向己,圆棍由头往后挤,挤空内脏插针管,随吹随烘复原体。

④蛹干制标本的制作

一般蛹的体壁比较坚硬,因此干制标本的制作方法比较简单,可用小剪刀将腹部中央的节间膜剪开一条缝,用镊子将腹内软组织取出,用脱脂棉吸干汁液，重新将剪口黏合，插上虫针，在幼虫干燥器烘干后，加签即可。

（2）昆虫浸制标本的制作

将采集到的昆虫直接放入保存液中杀死、固定和长期保存，这样制成的标本称为浸制标本。凡是昆虫的卵、幼虫、蛹以及身体柔软、体型细小的成虫，都可以制作浸制标本。其操作步骤如下：

①排空胃肠

采集或饲养的活幼虫，须先停食致饥，待它胃肠里的食物消化完毕，排尽残渣之后，再进行加工浸渍。目的是为了防止虫体污腐不洁，污染浸渍溶液。

②热水浴虫

为防止虫体浸渍后皱曲变形，需在浸渍前加热处理，使虫体伸直，充分暴露出虫体特征，然后再投入浸渍液中。一般常用热水浸烫。放在火上的开水容器中浸烫不易掌握火候，时间过长会使虫体破损，标本报废。比较稳妥的方法是把热水（90℃左右）倒入玻璃容器，将虫放入，然后在容器上加盖，容器内的热水和蒸汽将虫致死，使虫体伸直。这种方法叫"热浴"。热浴的时间，可根据虫体的大小和表皮坚柔、厚薄程度等具体情况灵活掌握，一般虫体小而柔嫩的可热浴2分钟左右，大而粗壮的需要5~10分钟，一待虫体致死伸直，即可开盖取出，稍凉后再浸入标本液。

③浸液选择

浸渍标本效果的好坏，主要取决于浸渍溶液的选用和制备。浸渍溶液有多种配方，主要起固定、防腐作用，浸渍前要根据虫体的质地、体色等来选用。一般常用的浸渍溶液有以下几种：

a. 酒精浸渍液。用酒精做保存液浸制标本是一种常用的方法，通常是把酒精加水稀释成75%的溶液。酒精对虫体有脱水固定作用，直接投入75%酒精溶液中的虫体脱水过快，会发硬变脆。为了不影响标本质量，在实际操作时可先将虫体放进30%的酒精溶液中停留1小时，然后再逐次放入40%、50%、60%、70%酒精溶液中，每次处理均各停留1小时，最后放在75%酒精浸渍液中保存。用酒精浸渍液保存的标本比较干净，肢体完整舒展，便于观察，尤其是附肢较长的昆虫和蚜虫标本，用此法保存比较理想。

这种方法的缺点是虫体内部组织仍然较脆，提供解剖实验用时容易碎裂，妨碍系统观察。大量标本初次投入酒精浸渍液后，由于虫体内部脱出的水分会把浸渍液冲淡，所以应在半个月后更换一次，经久不换会使某些标本变黑或变形。酒精极易蒸发，保存期间还应注意容器塞盖严密。为缓解虫体在酒精中浸渍的脆度，也可在酒精中滴入0.5%~1%的甘油，使虫体体壁变得较为柔软。此外，在配制酒精浸渍液和其他浸渍液时，用水一般都用蒸馏水，酒精选用医用酒精，这样配制成的溶液清澈透明，观感较佳。

b. 福尔马林浸渍液。把福尔马林用蒸馏水稀释成2%~5%的溶液，即可用做浸渍液保存标本。此法简单、经济、防腐；缺点是虫体易肿胀，肢体易落脱。

c. 醋酸福尔马林酒精浸渍液。配制方法：75%酒精150毫升、冰醋酸40毫升、福尔马林60毫升、蒸馏水300毫升。

由于单用酒精会使虫体硬脆。单用福尔马林又易使虫体肿胀。将它们混合使用，即可缓解单用的某些不足，对虫体组织固定作用好，尤其适于固定微小昆虫。但是，用这种混合液经久保存虫体仍易变黑，容器内还会出现沉淀物，必须经常检查，酌情更换，才能保持标本的清洁。

d. 醋酸白糖浸渍液。配制方法：无杂质的纯白糖5克、冰醋酸5毫升、福尔马林5毫升、蒸馏水100毫升。使用醋酸白糖浸渍液保存标本，可在一定时间内对绿色、红色、黄色的虫体起保色作用。缺点是虫体易瘪。

昆虫标本浸渍液的配制方法比较多，各有优点和不足。关键是要根据虫体结构和药物原理分别采用不同的浸渍液，并在实践中摸索和积累经验，不断提高浸渍标本的质量。

④浸制方法

浸制标本的制作方法简单。对于卵和细小昆虫，可以直接放入指形管中，加入保存液保存。对于体型较大的幼虫和蛹，要先在开水中煮沸5~10分钟，直到虫体硬直，再放入指形管中加保存液保存。标本经过这样处理，不易变色和收缩。对于其中的幼虫，体内水分较多，应在浸制过程中，更换几次保存液，以防虫体腐烂。

指形管中的保存液的量一般是容积的2/3。盖好橡皮塞以后，要用蜡封好，然后贴上写好的标签。标签要用毛笔写，项目有采集号、名称、采集时间、采集地点、寄主植物名称等。

(3) 虫翅鳞片标本的制作

虫翅标本的制作，除用透明胶带制成贴翅标本外，还可以把蝶蛾类翅面上的鳞片取下来，专门制成虫翅鳞片的标本。鳞翅目成虫（蝶蛾类）五彩缤纷，围绕花丛漫飞舞动，素有"会飞的花朵"之称。其实，这些虫翅上的彩色斑纹是由翅面上着生的鳞片反映出来。这些鳞片扁平而细微密被于膜质的翅面上，系由毛变化而成。鳞翅目的得名也由此而来。

鳞片具有颜色，由于虫种不同或雌雄不同，在翅面上组合成的色彩斑纹也各有差异：有的淡雅别致，有的暗淡粗放，还有的色调明快，别具一格。这些不同色彩的斑纹，常是辨识虫种的重要依据。现以黑缘粉蝶为例，将制作虫翅鳞片标本的具体操作方法简介如下。

① 选采成虫

采集的粉蝶，最好是刚羽化出来，飞动时间不长，翅面完整，鳞片没有擦伤，斑纹清晰，特征明显的。用这样的粉蝶制作鳞片标本，效果最为理想。

② 粘取鳞片

a. 取下蝶翅。将选好的粉蝶放入毒瓶内致死，然后取出用小镊子把四片虫翅从翅基部轻轻分别摘下。

b. 粘取鳞片。根据翅面大小，剪取一块医用橡皮膏，胶面向上，平铺在玻璃板上。再把四片虫翅一一放在胶面上，如下图所示。

把虫翅放在胶面上

放置虫翅时，应注意用小镊子轻轻夹住翅的基部，先在胶面上方选定适当位置，然后轻轻地置于胶面。要一次放准、放平，翅面不可出现皱褶，否则会损伤鳞翅的完整，不能制取出完美的鳞片标本来。

c. 盖纸摩压。在已放好的翅面上盖一张较柔韧的白纸，用手（或指甲面）在白纸上沿着下面所覆盖的虫翅向下反复摩压，尽量摩压周到，使翅面上的鳞片全被粘附在胶面上。然后轻轻揭下白纸，用小镊子把已脱去鳞片的残翅小心剥去，即显露出清晰完整的粘制鳞片标本。最后，用小弯剪刀沿翅面的周边把四翅剪下。

d. 装贴翅面。在剪好的四片翅面背后的胶布上，均匀地涂一薄层胶水，粘贴于卡纸上，再把触角蘸上胶水，各与前翅前缘平行地粘在前翅的前方。在卡片上注明所属目、科及虫名，压在玻璃板下或夹在书页内，干后即可长期保存。

这种粘贴的虫翅鳞片标本，如果操作熟练得法，则与原翅形态、颜色、光泽无大差异；如果能配上与翅面颜色、斑纹相调和的彩色底纸，还能进一步增加美感。其他蝶蛾类的翅面鳞片，都可以试用这种方法制成单项的鳞片标本。有目的、有计划地采集不同虫种，加工制作成不同的鳞片标本，逐步积累，很有意义。

鳞翅目　粉蝶科　黑缘粉蝶

黑缘粉蝶的鳞片标本

（4）昆虫局部结构标本的制作

除了制作整体的昆虫标本，还可以根据需要制成单项的昆虫局部结构标本。例如按昆虫的触角、足等制作出较有系统的系列标本，在丰富昆虫知识和采集制作内容等方面都有一定价值。

制作昆虫局部结构标本的原材料，可以有目的地进行专项采集，也可以从被汰除的昆虫标本中择取其可利用的部分加以利用。

制作方法比较简单，例如制作昆虫的各种类型的触角标本，可先用小镊子轻轻从各种昆虫的头部取下触角，放在一张大小适中的标本台纸上，调好位置和姿势，在每个触角的基部用一小点胶水暂时固定，然后采用透明胶带粘贴的方法，把这套标本粘好即可。

昆虫的足比较厚，用透明胶不便粘贴时，可在虫足上微点一些乳胶，直接把它粘在标本台纸上，然后装盒或镶入小镜框内，也很完美。各种类型的昆虫局部结构标本，要分别加贴小纸签，注明所属类型，如再加注采自何种昆虫，那就更好了。

透明胶带粘贴的昆虫触角标本

昆虫足的类型标本

（5）昆虫生活史标本的制作

昆虫一生中有各种形态，完全变态的昆虫有卵、各期幼虫、蛹和成虫等；不完全变态的昆虫有卵、幼虫、成虫等。在采集时，一定要注意全面采集，尽量采到各期形态的虫体，同时将它们吃的食物一同采下，做成浸制标本（把昆虫各期个体按顺序捆到玻璃上，然后放入标本瓶倒入浸泡液）。也可做干制标本（按各期放入昆虫盒，盒里填上棉花，盒内放上樟脑丸或克鲁苏油）。

制作昆虫生活史标本，通常是将某种昆虫的各态（卵、幼虫、蛹、成虫）及其寄主植物的被害部分，一起装配在玻璃面的标本盒内。

标本盒一般用厚草板纸制成，盒盖镶上玻璃。标本盒的尺寸，通常是32厘米（长）×22厘米（宽）×（2～3）厘米（高）。盒内垫放脱脂棉，垫棉的方法与盒装植物标本的相同。垫棉后即可将制备好的标本按预定布局一一就位，并在各虫态及被害植物下面分别贴上小纸签，注明各虫态和被害植物的名称，再在棉层的右下方放一标本签，盖上玻璃盒盖，用大头针固定，即可保存、使用。其样式如右图所示。

盒装昆虫生活史标本

制作盒装生活史标本，需要注意以下几点：

①放入盒内的成虫标本，如需展翅，可用展翅板展好后把昆虫针退下来，再放在盒内的棉层上面。

②幼虫可以用吹胀法干制，制好后不必另加玻璃管，直接放入盒内的棉层上；如不便干制，则需装在适当大小的玻璃瓶管里液浸，但瓶、管口要密封，以防漏液污染标本。

③卵和蛹能干制的即干制入盒；不能干制的，根据具体情况，也可像幼虫那样用液浸法保存。

④垫棉之前，需在盒底放些樟脑类的防腐、防虫剂。

八、昆虫标本的保存

（1）昆虫标本的保存工具

①标本盒。用来保存针插干制标本。标本盒用轻质木材或坚厚的纸板制成。为了便于存放，标本盒大小有一定规定，盒盖上装有玻璃，便于隔盖观察盒内标本。为防止虫害或菌类侵入，盒盖和盒体之间要有凹凸槽口相接，使其尽量密合。盒底铺有软木板，便于插下昆虫针。这种标本盒的容量大，适宜存放，可作为展览、观摩和教学标本用。

盒装标本需粘贴分类标签，以便取放管理。常用的标本盒有两种规格，如下图所示。

木盖针插标本盒　　　　　　玻璃面插针标本盒

标本盒内的边角处另粘1~2个带孔的小三角纸盒，盒内放有防腐、防虫剂，以防发霉或虫蛀。

②标本柜。是保存干制标本的专用柜。其规格应为双层双门、高205厘米、宽115厘米、深50厘米。柜内中央有一纵向的隔板，上下层横向再各隔为4格，在各格中存放标本盒。柜的最下层装有一块活板，里面放入吸潮、防虫药品。

③指形管和标本架。用于保存浸制标本。指形管的规格应该一致，一般高7厘米、直径2.2厘米，上面盖以橡皮塞。与指形管相配套的是标本架，指形管装入保存液和昆虫标本后，应摆放在标本架上保存。

④浸制标本柜。是保存浸制标本的专用柜。其结构与上述标本柜相同，

只是每层的隔板要厚,以便能承受指形管的保存液重量。在隔板正面沿前后方向钉上固定标本架的木条,标本架下也应挖有与木条相吻合的凹槽,插放标本架时将凹槽对准隔板上的木条,便抽拉自如。

(2) 昆虫标本的保存方法

①未加工的昆虫标本保存。尚未加工的保留标本,如果是装在三角袋内的,可原袋不动地放入木盒或纸盒内暂时保存;如果是裸露的昆虫标本,可放入木盒或纸盒内,按类分层置于垫棉上,盒内要放些防腐剂和防虫剂。

昆虫标本柜

未经加工的昆虫标本还可放在玻璃干燥缸内保存,如右图所示。

在玻璃干燥缸缸底放些氯化钙或硅胶等干燥剂,把标本放到缸中的瓷屉上,然后盖上缸盖。缸盖底边和缸口边缘都是磨砂口边,盖封比较严密,但在使用时还得在缸盖和缸口相接触的口边上涂些凡士林,这样缸口可以封闭更严,揭盖或盖盖时,需要用手平推缸盖,才易揭开或盖上。

玻璃干燥缸

②昆虫干制标本的保存。要及时放入标本盒并加药保存。霉雨季节尽量不开启盒盖,雨季过后应进行检查,随时添加防潮、防虫和防霉药剂。一旦发现虫害,要及时用药剂熏杀。

如有条件,应制作标本柜,收藏全部标本盒。如不能制作标本柜,也应将标本盒存放在其他类型的柜橱中,以便于集中保存管理。

③昆虫浸制标本的保存。浸渍昆虫标本多在指形管内保存。根据虫体大小,标本可分装在若干管内,管内放耐浸小纸签。其上用铅笔注明标本名称等,用石蜡封紧管口,置于标本管架上。

标本管架是一个木制的长方形框架，正面镶装长条玻璃，既能挡稳标本管，又能透视管内的标本。管架的一个端面装着带有拉手的卡片框，既可放分类卡片，又可拉标本架。管架的尺寸通常是高8.5厘米，长40厘米，宽3.5厘米，架内实际宽度是2.5厘米。

标本管架

放在管架内的浸渍标本，要注意经常添换标本液，并避免日晒。

数量多的标本管架，需集中分放在浸渍标本柜内，以利于保存管理。浸渍标本柜的样式见右中图。

用玻璃管保存的浸渍昆虫标本，也可放在广口瓶（罐）内集中保存。

利用罐头玻璃瓶装标本管，需配上塑料盖，倒进一些标本液，并注意适时添注，各个标本管口可不塞瓶塞，只需放些脱脂棉，即可保持各管内的标本液经常饱满。然后把罐放入一般柜（橱）内保存。

④盒装标本需放标本柜橱内保存，注意防潮、防晒、防虫。

昆虫浸渍标本柜

（3）昆虫标本的去霉

干制的昆虫标本如不慎受潮，虫体发霉，应及时进行护理。

鳞翅目（蝶、蛾类）昆虫体上发霉时，可用毛笔沾些酒精（也可在其中加些石碳酸），用笔尖轻轻"点刷"虫体，做到既能刷及霉污，又不触损虫体，尤其注意不要刷落虫翅上的鳞片和虫体上的细毛。

其他种类的昆虫标本发霉时，也可以照此办

广口瓶装浸渍昆虫标本

理。如果在酒精中滴入几滴甘油，则在刷除霉污的同时还能使标本焕然一新，这对鞘翅目昆虫标本的效果尤其明显。

经过轻刷去霉的标本，可待晾干以后继续保存。

第二节　环节动物标本的采集和制作

环节动物是身体分节的高等蠕虫，其代表种类是蚯蚓。蚯蚓属于环节动物门的寡毛纲，种类很多。下面以蚯蚓为例介绍环节动物标本的采集和制作。

一、蚯蚓标本的采集

制作蚯蚓标本，应该准备种蚓，这就需要到田野去采集。采集种蚓可通过以下几条途径进行。

（1）利用雨后时机采集

夏季大雨过后，蚯蚓纷纷爬出地面，此时去农田附近寻找，很容易找到，尤其在一些石块和烂草、落叶堆下，常有大量蚯蚓积聚，往往一次就能采集到几十条。

（2）利用农田翻土时机采集

农田中的蚯蚓，大多生活在耕作层中，一旦农田翻土，常被翻出土外。此时正是采集蚯蚓的好时机。尤其是韭菜畦、油菜地和水稻田中，由于土壤十分肥沃，蚯蚓数量多，采集更容易。

（3）根据蚓粪采集

蚯蚓洞穴上方的土面，常堆集着许多蚓粪，这是地下有蚯蚓生活的标志。如果在蚓粪旁用三齿耙挖取，往往能采到蚯蚓。

对采集来的蚯蚓，要放到盛有潮湿土壤的容器中，不能在空气中暴露时间过久，更不能在阳光下曝晒，以免蚯蚓因皮肤表面干燥而窒息死亡。

二、蚯蚓标本的制作

一般把蚯蚓等环节动物作成浸制标本，以便日后观察。标本制作要经过停食、麻醉和固定3个步骤。

(1) 停食

将蚯蚓自容器中取出，用水冲洗干净，放在垫有湿草纸的玻璃缸中，停食2天，使它的肠中泥土排尽。然后喂给碎的湿草纸5~7天，填充肠管，以利于将来观察肠管的形态。

(2) 麻醉

将上述蚯蚓转入搪瓷盘内，同时放入一定量的清水，再慢慢滴入95%酒精，直到使盘中的清水变成10%的酒精溶液为止（事先应量得搪瓷盘中的水量，按比例加入一定量的酒精）。2个小时以后，蚯蚓背孔分泌出大量黏液，说明已经麻醉死亡。

(3) 固定

配制固定液：40%福尔马林10毫升、95%酒精28毫升、冰醋酸2毫升、水60毫升。

取已经麻醉的蚯蚓，平放解剖盘中，从它身体后端侧面，用注射器向体内注射上述固定液，直到使蚯蚓的身体呈饱满状态为止。

三、蚯蚓标本的保存

将注射后的蚯蚓，平放在纱布上，大约每20~30条裹成一卷，使其竖立在标本瓶中，然后加入上述固定液，便可长期保存。要注意每条蚯蚓的身体一定要平直，不能发生扭曲现象，否则将来解剖时就会背腹难辨，给解剖工作带来困难。

第三节　海洋无脊椎动物标本的采集和制作

海洋占了地球表面积的71%，其中生活着大量的无脊椎动物。本节简要介绍海洋无脊椎动物标本的采集和制作。

一、海洋环境的简要说明

(1) 海洋环境的特点

海洋环境与陆地环境相比，变化较小，稳定性强，这就为海洋生物的生存和发展提供了良好的条件。其特点如下：

①海水温度差别很小：海洋表面（海面到 30 米深处）温度的日变化，热带为 0.5~1℃，温带为 0.4℃，寒带为 1~2℃。300~350 米以下的海水，其年温差更小。不同深度的水层生存着不同的生物。

②酸碱度相当稳定：海水的 pH 值一般维持在 8.0~8.3 之间。

③海水中养料丰富：海水中含有多种营养盐类，如硅酸盐是硅藻构成细胞壁不可缺少的成分，而硅藻又是沿海某些浮游动物和贝类的主要食料。

（2）海洋环境的分区

根据地形和水深的不同，海洋环境可分为两大地区：如右图所示，一个是沿岸地区，它是指从海陆相接处到海底 200 米深的部分，又称大陆架；另一个是深海区，即指深度超过 200 米的所有区域。

海洋环境划分示意图

①沿岸区：这个地区根据海水深度和物理化学特性的不同，又分为 2 个带，即滨海带和浅海带。

a. 滨海带：指由高潮线到深约 50 米的地带，这一地带动植物种类较多。

b. 浅海带：指 50~200 米深的地带，这里动物种类较多，植物种类较少。

②深海区：这个地区根据水深和地形不同也分为 2 个带，即倾斜带和深海带。

a. 倾斜带：指 200~2440 米之间的地带，这里坡度较陡，也叫大陆坡。

b. 深海带：指由 2440 米以下至最深的海域地带，这个地带的特点是水温低，海床柔软，环境稳定，但缺乏阳光，无植物生长，有少数动物均为肉食性。

（3）潮间带和潮汐

①潮间带：最高潮（大潮涨潮线）与最低潮（大潮退潮线）之间露出

的泥沙或石质的滩涂地带叫潮间带,实际上就是有潮水涨—落的地带。每当退潮时,潮间带海底露出水面,是进行海滨采集动物标本的主要场所。

潮间带分区

大潮时,海水升至最高的界线称高潮线,海水落至最低的界线称低潮线。高潮线以上的部分称为潮上带,低潮线以下的部分称为潮下带,高潮线和低潮线之间便是潮间带。不论大潮还是小潮,都是在潮间带之间发生的。根据大小潮海水涨落的不同,潮间带又分低潮带、中潮带、高潮带。

a. 低潮带:低潮带大部分时间为海水所浸没,只有每月2次大潮的低潮期暴露于空气中。此带是采集标本的重要区域,由于它长时间被海水浸没,必然会造成良好的海洋性环境,因而动植物种类繁多,数量较大。

b. 中潮带:这个地带受风浪影响较大,尽管如此,动物分布的种类仍然不少,礁岩下、泥沙中、沙面上、凹洼处等都能找到动物的踪迹。

c. 高潮带:高潮带大部分时间暴露在空气中,仅在每月2次大潮期间才为海水所浸没,因而这个地带的动物种类较少,只有那些能抵抗日光暴晒、干旱、温度剧变的动物能在这里生存下去,像牡蛎、紫贻贝、藤壶等具有特殊保护性坚硬外壳的动物可在这个地带被找到。

②潮汐:潮汐是由于月球、太阳对地球各处引力不同所引起的海水水位周期性的涨落现象。世界上大多数地方的海水,每天都有2次涨落,白天

海水的涨落叫做"潮"，晚上海水的涨落叫做"汐"。平时我们一般不分"潮"和"汐"，都叫做"潮"。

二、海洋无脊椎动物标本的采集

（1）采集时间

采集和观察动物的最佳时间是农历朔（初一）和农历望（十五）后1~2日，每天采集的最好时间是在大潮的低潮前后1~2小时。

（2）采集地带

采集和观察动物的最好地带是低潮线以上的潮间带，这里海滨动物分布丰富，是采集海洋无脊椎动物的重要区域。潮汐引起的潮流不仅扩大了水体和空气的接触面，增加了氧气的吸收和溶解，而且随着它冲来的一些有机碎屑又为海滨动物提供了营养，所以当大潮的低潮线暴露出来时，我们要抓紧时间，适时采集。

（3）采集的注意事项

①了解海洋知识，安全第一。

采集前，应广泛查阅有关海洋和海洋生物的资料，懂得一些潮汐的知识，了解涨潮、落潮的规律，以免潮水变化时惊慌失措。采集中如不认识的动物，不要轻易下手触摸，最好用工具采取或及时请教指导教师，防止被有毒动物伤害。如果是集体采集，应加强组织纪律性，严格按照指导教师的要求去做，不要擅自离队独自行动，避免发生意外。

②做好物质准备，爱护用具。

采集前，应把采集用的工具、药品、器皿、新鲜海水等准备妥当，同时还要配制好临对处理动物的药水。采集中转移地点时，应仔细检查所带用具是否齐全，避免丢失。对于铁器用具，采集归来后应及时洗净擦干，以备下次使用。

③保护生态环境，适量采集。

初到海边的人，往往会对大海产生强烈的新奇感，兴之所至，有可能不顾一切，见到动物就采集，这种心情可以理解。但是，采集者不应忘记保护生态环境，保护海洋生物资源。应该强调重视观察，多看动物的生活状态，有条件的还可以拍些动物照片。采集时要重视质量而不要过分追求数量。在采集中翻动过的石块或拨挑过的海藻等，要把它们恢复原状，以免破坏其他动物原来的生存条件。

④妥善处理标本，及时记录。

采集来的标本应分门别类放置在不同的瓶、管、桶、碗、杯中，并及时用不怕浸湿的纸料注明采集日期、地点、编号及采集者，养成细致、严谨的科学作风。

(4) 采集工具

①器械

手持放大镜：用于观案动物较微细的结构。

解剖器：包括解剖剪、解剖镊、解剖刀、解剖针。

解剖盘：整理固定动物标本之用。

搪瓷盘：用于整理标本和培养动物。

注射器：5毫升或10毫升各若干个。

注射针头：5号、6号、7号各若干个。

量筒：100毫升，配药用。

量杯：1000毫升，配药用。

培养皿：大、中、小号，用于培养小动物。

烧杯：1000毫升，培养、麻醉、固定小动物。

广口瓶：棕色和白色各若干个，用于装标本。

吸管：吸取小型动物。

②用具

毛笔：刷取小动物。

铁锹：挖底栖动物。

铁铲：挖泥沙中的动物。

铁锤和铁凿：用于凿出固着在岩石上的动物。

小铁片刀：采刮附着在岩石上的小型动物。

塑料桶：盛标本。

塑料碗：捞取小型水母。

塑料袋：装标本用。

③其他：标签、圆珠笔、棉花、纱布、橡皮膏等若干。

（5）沿海无脊椎动物标本采集要点

①海绵动物

a. 生活环境及主要形态特点

日本矶海绵：单轴目，寻常海绵纲。这是一种常见的沿海无脊椎动物。它主要长在海滨潮线的岩礁上，退潮时可在岩石低凹积水处找到。

日本矶海绵通常成片生长，群体如丛山状，主要呈黄色，也有橙赤色的。

日本矶海绵

毛壶

两种海绵动物

在海港码头环境中，还生活着毛壶和指海绵等海绵动物，它常附着于浮木、浮标及旧船底上。

b. 采集要点

用刀片、竹片或其他较硬的器械从基部把海绵轻轻刮下、因其体质柔软，体壁易碎，刮时要注意不要用力过猛。将刮下的标本放入装有新鲜海水的标本瓶中，不宜放置过多，以免相互挤压损坏。

②腔肠动物

a. 生活环境及主要形态特点

a）绿疣海葵：珊瑚纲，六放珊瑚亚纲，海葵目，海葵科。

绿疣海葵固着在岩石缝中或岩石上，体壁为绿色或黄绿色，口部淡紫色，有一对红斑。生活状态时，位于口周围环。生的五圈触手伸长，颜色呈浅黄色或淡绿色，像一朵盛开的葵花，非常美丽。涨潮时触手完全伸出，借以捕捉食物；退潮或受到外界刺激时触手和身体马上收缩成球形。

b）星虫状海葵：珊瑚纲，六放珊瑚亚纲，海葵目，爱氏海葵科。

星虫状海葵固着在泥沙中的小石块和贝壳上，营埋栖生活，体细长，呈蠕虫形，因触手收缩时形似星虫而得名。体呈黄褐色或灰褐色，触手为黄白色或灰褐色。在水中自然状态下，触手展开于泥沙表面，受刺激时缩入泥沙中。

c）钩手水母：钵水母纲，淡水水母目，花笠水母科。

钩手水母在丛生的海草中营自由漂浮的生活，伞稍低于半球形，伞径7～11毫米，伞高4～6毫米，伞缘有触手45～70个。

d）海月水母：钵水母纲，旗口水母目，洋须水母科。

海月水母在海水中营漂浮生活，体呈伞形，伞缘有许多触手，伞的下面有口，口周围有4个口腕。生殖腺4条，马蹄形。海月水母为乳白色，雄性生殖腺呈粉红色，雌性为紫色。

e）薮枝螅：水螅纲，被芽螅目，钟螅科。

钩手水母

海月水母口面观　　海月水母侧面观

海月水母

附着于海藻、海港浮木或其他物体上，营群体生活，有的种类高达20～40毫米。

b. 采集要点

a）绿疣海葵：在岩石缝或岩石上，距海葵固着部位约 3 厘米处，用铁锤和铁凿将它连同岩石一起采下，而后轻轻放入盛有海水的容器内，注意尽量不要伤及海葵。容器内的标本不宜放置过多。

b）星虫状海葵：因这种动物的体色与泥沙颜色相近，故要仔细寻找观察才能发现。星虫状海葵埋在泥沙中，采集时不要急于动手，应静观等待其触手完全张开，恢复自然状态，再沿触手长度的边缘用铁锹挖一圆形坑把它挖出来，尽量挖得深一些，以免损伤其基部。最后，将海葵取出放入盛有海水的容器中。

c）钩手水母：退潮后，在岩石间海草较多的 1 米左右深的海水中，轻轻拨动海草，静待片刻，观察水面，即会出现钩手水母。采集时要手疾眼快，迅速用碗或小网捞取，然后倒入装有新鲜海水的玻璃瓶或塑料瓶中。

d）海月水母：这种动物与海蜇一样，在沿海岸地带不多见，一般需乘船采集。一旦发现这种动物，应用塑料盆连同海水一起舀起，而后放入盛有新鲜海水的容器中。因为它的体内多胶质，极易破碎，所以采集和装入容器时应格外小心，并需经常更换海水。

e）薮枝螅：可以连同附着物一起把薮枝螅采下，放进盛有海水的较大容器里。注意不要重叠放置，以免把它们闷死。

③扁形动物

a. 生活环境和主要形态特点

平角涡虫：涡虫纲，多肠目，平角涡虫科。平角涡虫多生活于高低潮线间的石块下面。体扁平，叶状，略呈髓圆形，前端宽圆，后端钝尖。体灰褐色，腹面颜色较浅。

b. 采集要点

采集平角涡虫可翻动石块，在石块下面寻找。不论它是匍匐爬行还是静止不动。都需用毛刷将它轻轻刷下，放入盛有海水的小瓶中。由于这种动物分泌的黏液常缠绕其他动物，所以，应注意不要把它跟别的动物一起放在同一个容器里。

④环节动物

a. 生活环境及主要形态特点

a）巢沙蚕：多毛纲，游走亚纲，欧努菲虫科。

巢沙蚕在沙滩或泥沙滩营管栖生活。管为膜喷，表面嵌有贝壳碎片和海藻等，下部布满沙粒，管的上部约20毫米露在沙外，平时巢沙蚕在管的上部活动，受震动后，迅速下行，通过管下方的开口进入泥沙深处。虫体一般较大，体呈褐色闪烁珠光，鳃为青绿色。

b）磷沙蚕：多毛纲，游走亚纲，磷沙蚕科。

磷沙蚕栖息在泥沙内的U形管中，退潮后，在沙滩表面露出高约1~2厘米，相距60厘米左右的两个白色革质管口。用手捏闭一个管口，再轻轻压挤被封闭的管口数次，然后放开手，可看到另一管口缓慢流水，这就是磷沙蚕的栖息地点。

c）柄袋沙蠋：多毛纲，隐居亚纲，沙蠋科。

柄袋沙蠋栖息于细沙底质，在U形管状的穴道中生活，穴口之间距离为200~300毫米。体呈圆筒形，前端粗，后端细，形似蚯蚓，故俗称海蚯蚓。活着时体色鲜艳，为褐或绿褐色，其上有闪烁的珠光；鳃为鲜红色，刚毛为金黄色。

d）埃氏蛰龙介：多毛纲，隐居亚纲，蛰龙介科。

虫体生活于弯曲的石灰质管中，外面常附有许多沙粒，栖管则固着于岩石缝、石块下或贝壳上，常常是许多个管子缠绕在一起。虫体前端较粗，后端较细。

龙介

b. 采集要点

a）巢沙蚕：在泥沙滩表面注意观察，凡有一堆碎海草、沙砾、贝壳，中间有一管口的即为巢沙蚕管口。在管子上部震动，虫体将迅速下移，故采集时动作应轻一些，在离管口一定距离处用铁锹挖取。挖出后，轻轻敲管，可探知管内有无虫体，尔后将有虫体的管子放入盛有海水的容器内。

b）磷沙蚕：退潮后，在相距 60 厘米左右找到两个白色革质管口，向其中一个管口吹气，若另一管口喷水，即表明它是磷沙蚕穴居的 U 形管。在两管中间画一直线，并用铁锹在线的一侧挖之，挖掘深度与两管口距离成正比。当见到与地面平行的横管时，即小心拿取全管放到盛有海水的容器内。

c）柄袋沙蠋：它栖息于泥沙中，一般有 2 个穴口；尾部的穴口处常堆积有圆形泥沙条的排泄物，形状如蚯蚓粪；头部穴口距尾部穴口约 10 厘米处，是一个漏斗形的凹陷。采集时，用铁锹在离尾部穴口 10 厘米处快速下挖，轻轻掘起，展开泥沙，将标本放入盛有海水的玻璃瓶中。

d）埃氏蜇龙介：采集时，将管连同虫体一起取下，放进盛有海水的容器。

⑤软体动物

a. 生活环境及主要形态特点

a）红条毛肤石鳖：多板纲，石鳖目，隐板石鳖科。

红条毛肤石鳖生活在潮间带中下区至数米深的浅海，足部相当发达，通常以宽大的足部和环带附着在岩礁、空牡蛎壳和海藻上，用齿舌刮取各种海藻。退潮后吸附在岩石上。身体呈长椭圆形，壳板较窄，暗绿色，暗中部有红色纵带。

红条毛肤石鳖

b）螺类（腹足类）

锈凹螺——腹足纲，前鳃亚纲，原始腹足目，马蹄螺科。

壳面　　　　　底面

锈凹螺

锈凹螺生活在潮间带中下区，退潮后常隐藏在石块下或石缝中，以海藻为食，是海带、紫菜等经济养殖业的敌害。贝壳圆锥形，壳质坚厚；壳口呈马蹄形，外唇薄内唇厚。

朝鲜花冠小月螺——腹足纲，前鳃亚纲，原始腹足目，蝶螺科。

朝鲜花冠小月螺生活在潮间带中区的岩石间，贝壳近似球形，壳质坚固而厚，过去称这种螺为蝶螺。

皱纹盘鲍——腹足纲，前鳃亚纲，原始腹足目，鲍科。

皱纹盘鲍栖息于潮下带水深 2～10 米左右的地方，用肥大的足吸附在岩礁上。贝壳扁而宽大，椭圆形，较坚厚。这种动物以褐藻、红藻为食，也吞食小动物，常昼伏夜出，肉肥味美，是海产中的珍品。贝壳（又称石决明）可以入药，也可以做工艺品。

皱纹盘鲍

短滨螺——腹足纲，前鳃亚纲，中腹足目，滨螺科。

短滨螺常在高潮线附近的岩石上营群居生活，成群地栖息在藤壶空壳或石缝中，而它自己的空壳又往往为小型寄居蟹所栖息。贝壳小型，呈球状，壳质坚厚，壳顶尖小，常为紫褐色。这种动物能用肺室呼吸，有半陆生和半水生性质。

古氏滩栖螺——腹足纲，前鳃亚纲，中腹足目，江螺科。

古氏滩栖螺生活于潮间带高潮线附近的泥沙滩中，退潮后在沿岸有水处爬行。贝壳呈长锥形，壳质坚硬，可供烧石灰用。

短滨螺

扁玉螺——腹足纲，前鳃亚纲，中腹足目，玉螺科。

扁玉螺生活在潮间带到浅海的沙或泥沙滩上，以发达的足在沙面上爬行，爬过的地方留下一道浅沟。能潜于沙内7~8厘米处，捕食竹蛏或其他贝类。贝壳为扁椭圆形，壳宽大于壳高。肉可食用，壳为贝雕工艺的原料。

脉红螺——腹足纲，前鳃亚纲，狭舌目，骨螺科。

脉红螺生活在潮下带数米或十余米深的浅海泥沙底，能钻入泥沙中，捕食双壳贝类。贝壳大，略呈梨形，壳质坚厚，壳表面呈黄褐色，具棕褐色斑带。肉味鲜美，可做罐头，但它是肉食性动物，为贝类养殖业的大敌。

香螺——腹足纲，前鳃亚纲，狭舌目，蛾螺科。

香螺生活于潮下带至78米深的泥沙质海底，在潮间带内很少发现。贝壳大，近似菱形，壳质坚厚，壳表面为黄褐色并被有褐色壳皮。贝壳表面常附着苔藓虫、龙介虫、海绵、牡蛎等动物。因其体大而肉肥味美，故有香螺之美称。

c) 双贝壳类（瓣鳃类）

毛蚶——瓣鳃纲，列齿目，蚶科。

毛蚶生活于低潮线以下的浅海，水深为4~20米的泥沙质海底并稍有淡水流入的环境中。贝壳呈卵圆形，两壳不等，右壳稍小，壳质坚厚而膨胀，壳表面白色，被有棕色带茸毛的壳皮，故名毛蚶。

魁蚶——瓣鳃纲，列齿目，蚶科。

魁蚶生活于潮下带5米至数十米浅海的软泥或泥沙质海底，退潮后在沙面上有2个似向日葵种子形的孔，长约1厘米，尖端相对。贝壳大型，斜卵形，左右两壳相等。壳表面白色，被有棕色壳皮及细毛，极易脱落，魁蚶是经济贝类。

魁 蚶

紫贻贝——瓣鳃纲，异柱目，贻贝科。

紫贻贝生活在潮间带中下区以及数米深的浅海，常营群居生活，大量黑紫色的贻贝成群地以足丝固着于岩石缝隙以及其他物体上。贝壳楔形，壳质较薄，壳顶尖，壳表面呈黑紫色或黑褐色并有珍珠光泽。有时大量紫贻贝附生于工厂冷却水管内和船底下，能造成堵塞管道和影响生产的后果。其肉味鲜美，经济价值很高，俗称"海红"。

栉孔扇贝——瓣鳃纲，异柱目，扇贝科。

栉孔扇贝也称"干贝蛤"，栖息在浅海水流较急的清水中，自低潮线附近至20余米深处的海底。以足丝附着在海底岩石或贝壳上，移动时足丝脱落，借两扇贝壳的急剧闭合击水前进。停留后，足丝又很快生出，附着在外物上。扇贝的上壳即左壳表面，常附着一些藤壶、苔藓虫、螺旋虫等小型管栖环虫。贝壳扇形，两壳大小几乎相等。壳面颜色差异较大，有紫褐色、橙红色、杏黄色或灰白色，有的色泽鲜艳，十分美丽。贝壳可作为工艺品观赏，肉可供食用。

褶牡蛎——瓣鳃纲，异柱目，牡蛎科。

在潮间带中上区岩石上，褶牡蛎分布最多。贝壳小，多为长三角形。左壳较大，较凹；右壳较平，稍小。壳表面多为淡黄色，杂有紫黑色或黑色条纹。左壳表面突起，顶部附着在岩石上，附着面很大。肉味美，可食用。

中国蛤蜊——瓣鳃纲，真瓣鳃目，异齿亚目，蛤蜊科。

中国蛤蜊生活在潮间带中下区及浅海海底，海水盐度较高、潮流通畅、底质沙清洁的地区。贝壳近似三角形，腹缘椭圆，壳质坚厚，两壳侧扁。壳表面光滑，有黄褐色壳皮，壳顶处常剥蚀成白色。肉可食用，贝壳可做烧石灰的原料。

中国蛤蜊

长竹蛏——瓣鳃纲，贫齿亚目，竹蛏科。

长竹蛏在潮间带的泥沙滩中穴居，能潜入沙内约20～40厘米深处。贝壳狭长，如竹筒形，壳长约为壳高的6～7倍。壳薄脆，表面光滑，壳皮黄褐色，壳顶周围常剥落成白色。肉味鲜美，产量也大，沿海居民常用竹蛏肉包饺子。长竹蛏是我国主要经济海产动物之一。

b. 采集要点

a) 石鳖：由于石鳖以发达的足部紧紧吸附于岩石上，并且越触及动物本体其附着力越强，因而很不易采下。采集时，要乘其不备，猛地从一侧推动，便可使石鳖与岩石脱离，捉下放入盛有新鲜海水的容器中。

b）螺类和双贝壳类：在退潮后的石块下、岩石缝里、泥沙滩中仔细寻找，便可以采到螺类和双贝壳类动物。

c）长竹蛏：退潮后，在泥沙岸上寻找2个紧密相连、大小相等、长约1厘米、呈哑铃形的小孔，受震动后两个小孔下陷成一个较大的椭圆孔，即为竹蛏的穴孔。沿海居民常用40～50厘米长的铁丝钩钓取，效果既快又好。也可以用铁锹迅速挖取，注意不要惊动竹蛏，挖深在30～50厘米之间。然后将采到的标本放入塑料袋中。

⑥节肢动物

a．生活环境及主要形态特点

a）白脊藤壶：甲壳纲，蔓足亚纲，围胸目，藤壶科。

白脊藤壶栖息于潮间带并常附着于岩石、贝壳、码头、浮木和船底上。在我国北方，因其能耐受长期干燥，适于低盐度地区，故与小藤壶一起成为潮间带岩岸的优势种，数量十分可观。壳呈圆锥形或圆筒形，壳板有许多粗细不等的白色纵肋，因壳表面常被藻类侵蚀，因此纵肋有时模糊不清。

b）蛤氏美人虾：甲壳纲，蔓足亚纲，十足目，爬行亚目，歪尾派，美人虾科。

蛤氏美人虾常穴居在沙底或泥沙底的浅海或河口附近，一般生活在潮间带的中潮区。体长约25～50毫米，头胸部圆形，稍侧扁。体无色透明，甲壳较厚处呈白色，它的消化腺（黄色）和生殖腺（雌者为粉红色）均可从体外看到。因看上去很美，故有美人虾之称。肉较少，无大的经济价值，一般作为观赏动物。

c）日本寄居蟹：甲壳纲，蔓足亚纲，十足目，爬行亚目，歪尾派，寄居蟹科。

这种动物寄居在空的螺壳中，头胸部较扁，柄眼长，腹部柔软。躯体与螺壳的腔一样，呈螺旋状。腹足不发达，用尾足及尾节固持身体在壳内。体色多为绿褐色。小型寄居蟹在沿海沙滩上数量极大，也很好采到，所以是中学生物教学理想的生物标本。

d）豆形拳蟹：甲壳纲，蔓足亚纲，十足目，爬行亚目，短尾派，玉蟹科。

豆形拳蟹生活于浅水或泥质的浅海底，潮间带的平滩上也常能见到。退潮后，多停留于沙岸有水处。爬行迟缓，遇到刺激时螯足张开竖起，用以御敌。头胸甲呈圆球形，十分坚厚，表面隆起，有颗粒，长度稍大于宽度。体背面呈浅褐色或绿褐色，腹面为黄白色。

e）三疣梭子蟹：甲壳纲，蔓足亚纲，十足目，爬行亚目，短尾派，梭子蟹科。

三疣梭子蟹生活在沙质或泥沙底质的浅海，常隐蔽在一些障碍物边或潜伏在沙下，仅以两眼外露观察情况，在海水中游泳能力很强。退潮时，在沙滩上留有许多幼小者，一遇刺激即钻入泥沙表层。头胸甲呈梭形，雌性个体比雄性个体大，螯足发达。生活状态时呈草绿色，头胸甲及步足表面有紫色或白色云状斑纹。肉肥厚，味鲜美，产量高，是我国重要的经济蟹类。

蛤氏美人虾

f）绒毛近方蟹：甲壳纲，蔓足亚纲，十足目，爬行亚目，短尾派，方蟹科。

这种动物生活在海边的岩石下或石缝中，有时在河口泥滩上栖息。在潮间带中，以上中区为多。甲壳略呈方形，前半部较后半部宽；螯足内外面近两指的基部有一丛绒毛，尤以内面较多而且密，故得名为绒毛近方蟹。

g）宽身大眼蟹：甲壳纲，蔓足亚纲，十足目，爬行亚目，短尾派，沙蟹科。

宽身大眼蟹居于泥滩上，喜欢栖息在潮间带接近低潮线的地方。退潮后，常出穴爬行，速度很快，眼柄竖立，眼向各方瞭望，遇敌时急速入穴，穴口长方形。头胸甲也呈长方形，宽度约为长度的 2.5 倍，前半部明显宽于后半部。生活时，体呈棕绿色，腹面及螯足呈棕黄色。经济价值不大。

b. 采集要点

a）藤壶：藤壶紧紧地与岩石、贝壳等长在一起，为保证动物体完整，采集时要连同附着物一起采下。

宽身大眼蟹

b）美人虾：退潮后，在泥沙表面常可见到 2 个圆形小孔，外观比长竹蛏的孔径略大，穴孔间距大于 1 厘米，这便是美人虾的穴口。采集时，可用铁锹挖至深约 25 厘米，翻动被挖掘的泥沙，便可找到美人虾，通常是成对（一雌一雄）被挖出。然后将美人虾放入盛有新鲜海水的容器内。

c）小型虾：用小水网迅速捞取，将捞取到的虾放进盛有新鲜海水的容器里。

d）蟹类：退潮后，蟹类常常躲藏在石块下或石缝内，采集时需不断地翻动石块，观察石缝，适时采集。注意：一般不用手捉拿，因为蟹类的蟹肢夹持力很大，会夹伤人的手指，所以最好用大竹镊子迅速夹取，放入坚固的容器中。

⑦腕足动物

a. 生活环境及主要形态特点

海豆芽：腕足动物门，无铰纲，海豆芽科。

海豆芽常栖息于潮间带中区低洼处，外形似豆芽，故名。贝壳扁长方形，壳较薄且略透明，同心生长线明显。壳呈绿褐色，壳周围有由外套膜边缘伸出的刚毛。柄为细长圆柱形，直径越向后端越细，后端部分能分泌黏液，以固着在泥沙中。

b. 采集要点

退潮后，在集有浅水的沙滩表面可见有并列的 3 个小孔，孔间距约为 5 毫米，每孔中由里往外伸出一束刚毛，一经触动即下缩而陷入泥沙中，此时 3 个小孔变成 1 条裂缝。这就是海豆芽的穴洞。

采集时，可在距三个小孔 10 厘米远处用铁锹挖至 30 厘米深，然后扒开挖出的沙土，便可找到海豆芽。也可将一只手的拇指与食指张开，轻轻伸入三孔两侧的泥沙中约 2～3 厘米，迅速捏住海豆芽背腹的两片壳，进而向上拔，用另一只手沿海豆芽柄部掘挖泥沙 20～30 厘米深，即可得到海豆芽。注意：不论采用什么方法，都不要折断柄部，以免破坏标本的完整性。

⑧棘皮动物

a. 生活环境及主要形态特点

海豆芽

a）沙海星：海星纲，显带目，沙海星科。

沙海星栖息在水深 4～50 米的沙、沙泥和沙砾底，体形较大，呈五角星状。腕 5 个，脆而易断。生活状态时，反口面为黄色到灰绿色，有纵行的灰色带；口面为橘黄色。

b）海燕：海星纲，有棘目，海燕科。

海燕常栖息在潮间带的岩礁底，有时生活在沙底。体呈五角星形，腕很短，通常 5 个，也有 4 或 6～8 个的。体盘很大，体色美丽，反口面为深蓝色或红色，或者两色交错排列；口面为橘黄色。晒干后，可用做肥料或饵蚓。

c）陶氏太阳海星：海星纲，有棘目，太阳海星科。

生活于 25 米以下深水中的泥沙底，渔民出海作业时。常随网捕捞上来。体为多角星形，体盘大而圆。腕基部宽，末端尖，有 10～15 条，多数为 11 条。体色鲜艳，反口面为红褐色，口面为橙黄色或灰黄色。

d）多棘海盘车：海星纲，钳棘目，海盘车科。

这种动物多生活在潮间带到水深 40 米的沙或岩石底。体扁平，反口面稍隆起；口面很平。体盘宽，腕 5 个，基部较宽，末端逐渐变细，边缘很薄，体黄褐色。

e）马粪海胆：海星纲，拱齿目，球海胆科。

马粪海胆生活在潮间带到水深 4 米的沙砾底和海藻繁茂的岩礁间，常藏身在石块下和石缝中，以藻类为食，可损害海带幼苗，是养殖藻类的敌害。壳低半球形，很坚固，壳表面密生有短而尖的棘。壳呈暗绿色或灰绿色；棘的颜色变化很大，最普通的是暗绿色，有的带紫色、灰红、灰白或褐色。

f）刺参：海参纲，楯手目，刺参科。

A.背棘　　　B.上缘棘

多棘海盘车

刺参生活在波流静稳、无淡水注入、海藻繁茂的岩礁底或细泥沙底。夏天，当水温超过 20℃ 时，便开始夏眠而潜伏在水深处的石块下。刺参的身体呈圆筒形。体长一般约 20 厘米，背面隆起有 4～6 行大小不等、排列不规则的肉刺。体色一般为栗褐色或黄褐色，还有绿色或灰白色；腹面颜色较浅。因刺参含有大量蛋白质，所以是营养价值很高的海味，也可以入药。

g）海棒槌：海参纲，芋参目，芋参科。

海棒槌生活在低潮线附近，在沙内穴居，穴道 U 形，身体横卧于沙内。体呈纺锤形，后端伸长成尾状，外观似老鼠，所以俗名海老鼠。体柔软，表面光滑，呈肉色或带灰紫色；尾状部分带横皱纹。

刺　参

b．采集要点

a）沙海星：在退潮后泥沙滩的积水处常可采到。沙海星的腕易断，采取时应轻拿轻放，可放入容器中，也可用纱布或棉花包裹好后放进袋里。

b）海燕：在清澈见底的有海水浸泡的岩石壁上，常常有很多海燕。用手采取时，应注意安全并及时将标本放入容器内。

c) 刺参：因其大多栖息在藻类繁茂的岩礁间或较深的海底，所以可以在退潮后几个人合力翻动大块岩石去寻找，也可利用刺参夏眠的习性在石块下翻寻，会潜水者还可潜入海底去捕捉。但要格外小心，不能给刺参太大的刺激，以防其排出内脏而不能恢复原状。采到后应及时放入盛有新鲜海水的容器内，避免大幅度地晃动容器。

d) 海棒槌：在非常平坦的沙滩上，见有高约 3~4 厘米、直径 15 厘米左右的小沙丘，其上有 1 小孔，这便是海棒槌尾部的穴口，小沙丘是它的排泄物。在距小沙丘 20 厘米左右处，有一凹陷小穴，其下便是海棒槌的头部所在地，深约 30~50 厘米。海棒槌在沙中的生活状态可参见下图。

海棒槌的生活状态

采集方法一：因为海棒槌在沙内行动相当快，所以必须在小穴与小沙丘之间的平行横面上迅速用铁锹挖至 30 厘米深以下，才能采得标本。如果发现有粉红色液体流出，那就说明海棒槌已被铲断，不可再用做标本了。

采集方法二：根据经验，用铁锹和铲子挖掘常常不易得到完整的标本。既快又好的方法是用右手顺着沙丘的小孔即海棒槌洞向下旋入，紧握其躯体不放，直到手腕全部入沙为止，再用左手协助慢慢松动周围沙层，便可轻轻取出一只完整无损的海棒槌。

三、海洋无脊椎动物标本的制作

（1）浸制标本制作法

①制作原则

a. 麻醉标本前，必须先用海水把容器刷洗干净，切不可用淡水刷洗，否则做出的标本效果不好，同时还需将动物体上的泥沙、碎草等污物杂质用海水洗掉。

b. 为使麻醉工作顺利进行，避免动物因受过分刺激、强烈收缩而影响标本的质量，必须做到以下3点：

a）认真、细致、耐心地将采回的标本放在盛有新鲜海水的容器中培养一段时间，使之稳定、安静并表现出正常的自然生活状态。

b）在麻醉过程中，麻醉剂应分几次慢慢放入，使动物在没有刺激感觉的情况下昏迷过去。如果发现动物体或触手强烈收缩，说明麻醉剂放入过量，可用更换新鲜海水的方法使它恢复自然状态。此法有时见效，有时则无效，所以还是以小心谨慎逐渐麻醉为好。

c）用于麻醉的容器应放在光线较暗、安全可靠的地方，不要随意乱放，以免因不慎碰撞而引起震响，影响动物的麻醉。

②制作方法

a. 多孔动物门

a）日本矶海绵：用5%或7%的福尔马林杀死，装瓶保存。此法仅用来制作供观察外形用的标本。

b）毛壶：浸入70%酒精中装瓶保存即可。

b. 腔肠动物门

a）黄海葵：因其反应比较迟钝，触手充分张开后，除遇强刺激外一般收缩不明显，故处理比较容易。处理方法是：海水培养，使触手充分张开，用薄荷脑或硫酸镁麻醉后放入5%的福尔马林溶液中固定，取针线穿入黄海葵躯体中部，并绑在玻璃片上；放入盛有5%福尔马林溶液的标本瓶中保存。

b）绿疣海葵

方法一：

在盛有新鲜海水的1000毫升大烧杯中放入绿疣海葵1个，静置，使触手全部张开呈自然状态。

用0.05%～0.2%的氯化锰溶液慢慢加进烧杯中，麻醉约40～60分钟（麻醉用药的浓度及麻醉时间视海葵的大小而定）。

海葵全部麻醉后，用吸管将甲醛加到海葵的口道部分，至甲醛浓度达到7%时，固定3～4小时。

固定后转入5%福尔马林溶液中保存。

方法二：

海水培养，使海葵触手张开呈自然状态。

将10毫升酒精加10克薄荷脑配成混合液，滴3滴于培养器皿中。以后每隔15分钟滴一次，剂量逐次增加。如此处理约45分钟。

用硫酸镁饱和溶液每15分钟滴一次，时间间隔逐次缩短，约2小时完成。

用10%福尔马林液注入动物体（根据海葵的大小分别注入5毫升、10毫升、15毫升不等）。

用5%福尔马林液浸泡固定、保存。

方法三：

海水培养，使海葵触手张开呈自然状态。

撒一薄层薄荷脑结晶于水面，或用纱布包薄荷脑并用线缠成小球轻轻放在水面上，如右图所示；向海葵触手基部投入硫酸镁，药量逐渐增加，直至海葵完全麻醉。

取出薄荷脑，注入纯福尔马林液至福尔马林含量达7%为止。

海葵的海水培养

3～4小时后，取出海葵放入5%福尔马林液中保存。

c）钩手水母

方法一：

将钩手水母放入盛有海水的烧杯中，静置。待触手全部伸展后，在水面上撒薄薄一层薄荷脑。麻醉时间约 2 分钟。

将动物体转入 70% 福尔马林液中固定 20 分钟。

取带有软橡皮塞的小药瓶一个，瓶内存放 5% 福尔马林溶液，供保存标本使用。

取一根细白线，一头固定在瓶盖上，另一头穿过动物躯体正中并打结，而后将动物放入保存瓶内，盖严瓶塞。

方法二：

将动物放入盛有海水的瓶中，静置，使触手全部伸展。

加入 1% 硫酸镁，麻醉约 10~20 分钟。

再转入新的 5% 的福尔马林液中保存。

d）海月水母

将动物放入盛有海水的瓶中，静置，使触手全部伸展。

水母标本

如图所示，用纱布包裹硫酸镁并置于水面，麻醉6~8小时。

用滴管向瓶内滴入少量98%酒精，杀死动物。

移入5%福尔马林液中保存。

e）薮枝螅

将动物（数量不宜过多）放入盛有新鲜海水的容器内静置，使动物身体全部放松成自然状态。

慢慢加入1%硫酸镁，麻醉动物。

将动物放进浓度为7%纯福尔马林液中杀死动物。

移至5%福尔马林液中装瓶保存。

f）海仙人掌

用大头针弯成小钩，钩住动物的柄端，倒挂在容器内。容器要比动物长3~4倍。

放入薄荷脑麻醉24小时。

用5%福尔马林溶液杀死，保存。

c. 扁形动物门

以平角涡虫为主，其制作方法有两种。

方法一：

将动物放入盛有新鲜海水的容器内静置，待其完全伸展成自然状态时，在水面撒薄荷脑麻醉，时间约3小时。

移入7%福尔马林液中杀死动物，时间约需3~5分钟。

用毛笔将动物挑在一张湿的滤纸上，放平展开，再盖上一层纸，并放几片载玻片压住。

放进7%福尔马林液中，约12小时后去掉纸。

移入5%福尔马林液中保存。

方法二：

让涡虫饥饿24小时，使肠内食物全部消化。

取两块玻璃片，在一块玻璃片上放涡虫，用吸管滴上少量水，使涡虫安定。

再用吸管吸取由10毫升37%福尔马林液、2毫升冰醋酸、30毫升蒸馏水配制的冰醋酸固定液,滴在涡虫上。

迅速用另一块玻璃片盖住涡虫体,将它夹在两块玻璃片中间。这样得到的涡虫标本将不致发生卷缩现象。

放入5%福尔马林液中保存。

d. 环节动物门

巢沙蚕、磷沙蚕、柄袋沙蠋、龙介等环节动物的标本制作方法基本相同。

方法一:

将动物放入盛有新鲜海水的浅盘中,静置,使动物完全伸展。

用薄荷脑麻醉动物约8小时。

将动物放入7%福尔马林液中杀死,约30分钟后取出整形。

8小时后移入5%福尔马林液中保存。

方法二:

将动物放入盛有新鲜海水的浅盘中,静置,使动物完全伸展。

往容器内加注淡水,注入量为原有水量的1/2。以后每过1小时加进等量的淡水,约需加3~4次。

接着每隔20分钟加进一次饱和食盐水,每次加入量为原水量的5%,约需加4~5次。

最后移入5%福尔马林液中保存。

制作时,需注意两点:a) 一些较大的环节动物如沙蠋,被杀死后需向体内注入适量的10%福尔马林液,以防止体内器官腐烂。b) 管栖的环节动物如磷沙蚕、巢沙蚕、龙介等,处理前应使虫体从柄管中露出并与柄管分开,有时连同柄管一起保存于同一标本瓶中。

e. 软体动物门

a) 石鳖:石鳖受刺激时躯体常向腹面卷曲,壳板露在外面借以自卫,所以处理标本时,应格外小心。处理方法是:

将动物放入盛有海水的玻璃容器中,静置,使其完全伸展。

用酒精或硫酸镁麻醉3小时。

将动物移入10%福尔马林液中杀死,时间约半小时。

再将动物取出放在另一玻璃器皿中，使体背伸直并压上几块载玻片，用原先的10%福尔马林液倒入固定，时间约8小时。

最后移入7%福尔马林液中保存。

b）腹足类和瓣鳃类：这两类动物标本的制作方法大致相同，现简介如下：

生态标本——

将螺类和贝类分别装入玻璃瓶中，加满海水，不留空隙，盖紧瓶盖。

待腹足类头部与足部伸出壳口、瓣鳃类双壳张开并伸出足时（约需12~24小时），立即倒入10%福尔马林溶液固定，时间约20小时。

移入盛有5%福尔马林液的标本瓶中保存。

整体标本——

用清水洗净螺类或贝类标本，把贝壳较薄、有光泽的和贝壳较厚、无光泽的分开，前者只能用酒精杀死固定，后者用酒精和福尔马林溶液均可达到目的。

用10%福尔马林溶液或酒精杀死固定，时间约10小时。

移入5%福尔马林液或70%酒精中保存。

解剖标本——

大型螺类的解剖标本：温水闷死动物；用10%福尔马林液固定，移入5%福尔马林液中保存。

大型双壳贝类的解剖标本：用温水闷死动物，或用薄荷脑、硫酸镁等麻醉2~8小时，待贝壳张开后，往其中夹进一木块以支撑两贝壳；再用10%福尔马林液杀死动物，向动物内脏中注射固定液（固定液用9%酒精50毫升、蒸馏水40毫升、冰醋酸5毫升、福尔马林5毫升配制）；最后保存在85%酒精或5%福尔马林液中。

f. 节肢动物门

a）藤壶

将藤壶放入盛有新鲜海水的玻璃容器中培养，可见其蔓足不停地上下活动。

在水面加薄荷脑或硫酸镁麻醉，至蔓足停止不动，约需4小时。

将动物放入7%福尔马林液中杀死固定，约3小时。

保存在70%酒精中。

b）虾、蟹等各种节肢动物

一般可直接用7%福尔马林液杀死固定，半小时后取出整形，然后放入5%福尔马林液中保存。

g．腕足动物门

海豆芽：

用海水洗净。

用7%福尔马林液杀死，约20分钟。

展直柄部，放入5%福尔马林液中保存。

h．棘皮动物门

a）海参

沿用一般处理方法制作海参标本，过程比较复杂、繁琐，时间长，效果也不够理想。经过实践，下述方法既简便又有效。

将动物放入盛有新鲜海水的容器中，静置，使触手和管足完全伸出。

麻醉时先向水面撒一薄层冰片，30分钟和45~50分钟后再分别2次投放冰片，直至冰片盖满水面为止。小型海参麻醉2小时，大、中型海参麻醉8小时，触动其触手和管足，已不再收缩。

用竹镊子夹住头部把海参从水中取出，接着放进50%冰醋酸中浸泡，半分钟后取出。

放入8%福尔马林液中杀死固定，在1小时内向动物体内注射适量的8%福尔马林，使参体恢复到正常饱满状态，然后用小棉团塞住肛门。

保存动物于5%福尔马林液中。

按上述处理方法得到的海参标本，挺直不软，外观形态自然。做这种海参浸制标本并不难，注意掌握以下关键两点：

第一，标本一定要新鲜，不能有腐烂、受损等现象。盛放海参的容器最好要大一些，不要混杂放入其他动物。容器内的海水要干净无杂物。

第二，海参是一种非常喜欢干净和凉爽环境的动物，向水面撒冰片

（有时撒得很多）正是为了给海参创造一个清凉的好环境，使它能在这种舒适的环境中慢慢地昏迷过去，以免发生触手和管足缩回的现象。

b）海燕、海星

用4%硫酸镁溶液麻醉2~3小时。

由动物的步带沟向水管系统注入适量的25%~30%福尔马林液，直到每个管足都充满液体竖起为止。

移入5%福尔马林液中保存。

c）海胆

用4%的硫酸镁溶液麻醉3小时。

由围口膜处向动物体内注入适量的25%~30%福尔马林液。为使固定液容易注入，可在围口膜的对面另扎一针头，使海胆体液可从此处流出。

移入5%福尔马林液中保存。

（2）干制标本制作法

①制作原则

制作标本前，一定要用淡水清洗掉动物身上的盐分，以免出现皱裂，影响标本效果。

②制作方法

a．海绵动物

将用酒精或福尔马林液杀死的动物标本固定1天后取出，放在通风处晾干。

b．软体动物

a）螺类

用开水杀死动物，除去内脏和肉体。

将介壳冲洗干净，而后晾干。

摆放在贴有绒纸的木板盒中，用乳胶逐个粘贴于绒纸上，并分别写上分类地位及名称。

注意：因前鳃类动物的厣是分类学中鉴别种类的特征之一，所以在制作这类动物的介壳标本时，必须用棉花或纸、碎布将空壳填满，然后把厣贴在壳口处，借此将厣与贝壳同时保存起来。

b) 双壳贝类

用开水烫动物体时，双壳张开，尽快取出动物体内的肉及内脏。

将两壳洗净，趁壳未干用线将其缠好。

阴干后将线拆除，保存。

软体动物的螺类和贝类的干制标本可以利用各种手段进行艺术加工，使其既不失去生物标本的意义又美观生动，从而加强生物标本的感染力。

c. 棘皮动物

海胆、海星、海燕、海盘车等棘皮动物均可先用淡水洗去动物体上的盐分，然后放在阳光下直晒，使水分迅速蒸发，以防止腐烂。晒干后，动物的干制标本便做成了。根据经验，制作棘皮动物的干制标本时，也可将动物体直接用纱布或棉花包裹好，放在通风处阴干。

棘皮动物的干制标本有一些缺点，例如，海胆的棘极易被碰掉，海燕美丽鲜艳的自然色彩会变得灰蒙蒙的分辨不清，等等。

（3）玻片标本制作法

①制作原则

凡具有石灰质结构的动物，都不宜用福尔马林液杀死固定，因石灰质容易被蚁酸侵蚀；一般用酒精来杀死这类动物。

②制作方法

以海绵动物骨针玻片标本的制作为例：用80%~90%的酒精将矾海绵杀死，存放在70%~80%的酒精中。在制作骨针玻片标本前，先把矾海绵标本从酒精中取出，放进5%氢氧化钾溶液烧煮几分钟，海绵骨针便可散开，接着加蒸馏水待骨针下沉，倒去上面的液体即可得到骨针，用70%的酒精保存。最后用树胶装盖制片，所得的骨针玻片标本即可放到显微镜下观察。

四、浸制无脊椎动物标本的保存

从海滨采回的海蜇、海葵等腔肠动物，各种螺、贝类等软体动物，一些虾、蟹等甲壳纲动物,以及海燕、海盘、海胆、海参等棘皮动物的标本,有的需要干制,有的可以液浸,都要很好珍视和妥善保存。这里主要介绍各种浸制的无脊椎动物标本保存管理要点。

(1) 置放柜内

浸制的各种瓶装无脊椎动物标本,通常放在木制标本柜内长期保存。标本柜的大小如一般文件柜,带有板屉,柜的高度以伸手取用方便为宜。上下两截双开门的标本柜,中间设置活动板屉,分上下两层放置标本瓶,如果标本瓶较高,可把活动板屉撤出,改为单层存放。活动板屉需选用质地坚实和比较厚的木板制作,因为瓶装的浸制标本分量较重。

保存的各种浸制瓶装标本,应分类、分层并按标本瓶的大小高低尽可能有层次地置放,瓶与瓶间稍留空隙,避免互相挤紧而取用不便。此外还需注意把每个标本瓶上所贴的标本签向外摆正,以便于查看检取。

(2) 避光防尘

浸制的无脊椎动物标本与其他浸制标本一样,要避免日光曝晒,在室内放置标本柜时就要注意到这一点。此外,标本柜的柜门以木板门为好,可以防晒,如果是玻璃门,则应在玻璃背面粘贴一张深色的遮光纸,以缓解日晒。

对于浸制的瓶装标本,还要注意防止灰尘沾污。标本柜的四周要保持严密无隙,尤其要把柜门关严,或在门边粘贴绒布条,以防微尘侵入柜内。

对于取用以后重新入柜的标本,应先检查是否完整无损,瓶口封装是否严密,然后擦拭干净再放入标本柜内原处。

(3) 补换浸液

浸制标本保存的好坏,除取决于所配制的标本液是否得当以及操作技术的有无差错之外,瓶口密封是否严紧也是保证标本质量的关键之一。瓶口封闭不严,标本液会挥发散失,使有效成分减少,浸液短缺,甚至日渐枯竭而导致标本干缩退色变形。

新制作的液浸标本,应在封口后的2~3天内经常检查,如果瓶口有漏液或不严的情况,要及时加以补封或重封。

保存时间已久的标本,常因密封材料老化变质或松动不紧而出现漏液、蒸散等现象,也要注意检查,随时酌情处理。

不论是新制或久存的瓶装液浸标本,一旦发现浸液混浊、杂质,都应查明原因,及时更换。

(4)避免振荡

已制成的液浸标本都有一定的姿态,在取用和保存中应尽量保持标本稳定,轻拿轻放,不要随意摇晃振荡,以免标本移位或损伤结构,更不可伤及瓶口的密封材料。

(5)适期更新

对于使用频繁、经常移动的标本,尤其是教学上使用损耗较大的标本,除妥善保存管理外,还要根据实际情况注意适时采集制作,给予补充更新。

第五章 脊椎动物标本的采集与制作

自然界中的脊椎动物有39000多种，包括圆口类、鱼类、两栖类、爬行类、鸟类和哺乳类6个类群。分布在地上、地下、空中、水中等不同的生活环境中，几乎包括了现代生存的全部中型和大型动物，与人类的关系极为密切。

本章讲述脊椎动物标本的采集和制作活动，以鸟类、两栖类、淡水鱼类、爬行类为例介绍了各种动物标本制作的方法，最后介绍了局部标本的制作以及动物标本的保存。

第一节 鸟类标本的采集和制作

一、我国鸟类分布概况

我国是一个生物资源非常丰富的国家，全国有许多适合鸟类栖息的环境，所以我国是世界上鸟类品种最多的国家之一。现今全世界的鸟类有8616种，我国就有1116种，约占世界鸟类种数的1/8。广泛分布于森林、草原、农田、居民点和各种水域中，现分述如下。

（1）森林

在我国东北针阔叶混交林地区，常见种类有斑翅山鹑、黑啄木鸟、红交嘴雀、旋木雀、太平鸟、大山雀、煤山雀、沼泽山雀等。到林缘沼泽地带度夏产卵的有天鹅、鸳鸯、丹顶鹤、鸿雁、豆雁、灰雁、绿头鸭、绿翅鸭等，其中天鹅、鸳鸯和丹顶鹤是本地区的稀有鸟类。

在华北落叶阔叶林地区，以雉科、鸦科较为常见，如雉鸡、勺鸡、石鸡、喜鹊、灰喜鹊、红嘴蓝鹊、红嘴山鸦、小嘴乌鸦、星鸦等。其他常见的鸟类有黑卷尾、紫啸鸫、北红尾鸲、黑枕黄鹂、鹟莺、灰眉岩鹀、三道眉草鹀、黑枕绿啄木鸟、白背啄木鸟等。

在我国南方常绿阔叶林地区，鸟类呈南北混杂现象；主要分布在北方的禽鸟也在本区繁殖，如银喉山雀、黑尾蜡嘴及一些鸦类等。本区与其南方共有的种类更多，如白鹭、牛背鹭、八哥、发冠卷尾、鹧鸪、竹鸡、噪鹛、粉红山椒鸟以及画眉、鹎等。冬寒时许多野鸭、雁类以及鹤鹬，迁到长江流域越冬。

（2）草原

草原上鸟类种类和数量均不多，广泛分布的常见种有云雀、角百灵、蒙古百灵、穗鹀、沙即等。在沙丘地区的沙百灵也相当多。草原东部的鸟类组成比较复杂，有些季节性迁来或过路的鸟类，如黄胸鹀、灰头鹀等。它们在某些生境中占有重要地位。猛禽有鸢、金雕、雀鹰、苍鹰、大鵟等。草原上最引人注意的是大鸨和毛腿沙鸡，它们善于在地面奔走和长距离迁飞。草原的水域及其附近，是鸟类最多的地方。夏季，常大量聚集着白骨顶。其他如大苇莺、凤头麦鸡、田鹨、各种野鸭、疣鼻天鹅、大麻鹭、凤头䴙䴘等也迁来繁殖。

（3）农田和居民点

农田中常见鸟类有喜鹊、寒鸦、黑卷尾、灰椋鸟、珠颈斑鸠、红尾伯劳等。猛禽方面常见种有红脚隼、鸢等。沿河边常见的有白鹡鸰、戴胜、黑脸噪鹛、白头鹎、绿鹦嘴鹎等。

居民点的常见鸟类有家燕、金腰燕、白鹡鸰、楼燕、喜鹊、火斑鸠、黑枕黄鹂、黄胸鹀、鹊鸲、斑头鸺鹠、麻雀等。

（4）水域

水域中常见鸟有小䴙䴘、凤头䴙䴘、红骨顶、白骨顶、大麻鹭、豆雁、针尾鸭、绿翅鸭、凤头潜鸭、普通秋沙鸭以及各种鸥类等。

常见于南海诸岛的有红脚鸥、红脚鲣鸟、褐鲣鸟、金鸻、翻石鹬、小军舰鸟；在东海还有中贼鸥。我国沿海一带还有白额鹱、银鸥、黑嘴鸥、黑尾鸥、海鸥、普通燕鸥、黑嘴端凤头燕鸥、三趾鸥等。

二、鸟类的采集

（1）用具用品

①网具：用于捕捉灌丛中和树上小型鸟类。常用的网具为长方形，分为张网和挂网。网眼大小和网线粗细，根据捕捉对象不同而有区别。捕捉小型鸟类的网眼直径多为1.8厘米，网的长度为2～5米、宽度1.5米。在网的上下两个边和中部贯以较粗的绳索，以便于张挂。

②鸟笼：用于暂时盛放捕捉到的鸟类。

③圆规、直尺：用于鸟体测量。

④照相机、记录本、铅笔：用于拍摄和记录被捕鸟类特征。

⑤鸟类检索表和鸟类彩色图谱：用于鉴定鸟的种类。

（2）采集方法

采集灌丛中小型鸟类，用张网采集。选择林缘或林间空地上布网。将网的两端系在树干或事先带来的竹竿上。为了不使鸟类发现，网具最好安放在背后有灌丛或小乔木的地方。网具安放好后，组织同学们从远处将鸟群向安放网处哄赶，使鸟触入网眼中，然后进行捕捉。

采集树上鸟类用挂网采集。选择枝叶茂密的树木，将网具悬挂在树上，等到鸟飞落到张网附近时，组织同学们在树下进行哄赶，使其触网被捕。

对捕捉的鸟，按种类每种选留几只，放入鸟笼中，带回学校进行鸟体测量和种类鉴定。其余悉数放归山林。对触网受伤的鸟，应全部放入笼中带回治疗。

三、鸟类的识别

用网具采集鸟类，只能采集到灌丛和树上的少数鸟种，为了认识各种各样的鸟类，应该在鸟类生活的自然环境中，对鸟类从形态特点、羽毛颜色、活动姿态和鸣声等方面进行实地观察。用这种方法去识别鸟类，既保护了鸟类资源，又培养了同学们从事鸟类研究的基本能力。

(1) 野外识别前的准备工作

①提出一份本地区的鸟类名单。名单应包括在观察期间本地区可能存在的全部鸟类，包括留鸟、候鸟和过路鸟，以作为同学们野外识别的基础。这里所说的"本地区"，不是行政区域，而是指进行本项活动时要去的某座山、某片森林或某个湖泊等等。这样的鸟类名单，就会有针对性，能基本做到按名单上的种类一一进行观察。

②观看有关鸟类标本。可按上述鸟类名单内容，组织同学们观看鸟类剥制标本。如果本校有这方面的标本，可在校内观看，如条件不具备，可组织同学们到自然博物馆或科研单位、大专院校的标本室观看学习。如果有鸟类活动的录像片或鸣叫的录音带，可组织同学们进行观看和收听，但这种录像片和录音带必须针对性很强。总之要力求在野外活动开展以前，先使同学们对要识别的鸟种有一个初步了解，为野外识别打下基础。

③准备好野外观察识别的用具。这方面主要有望远镜、照相机、收录机、海拔仪、指北针、记录本、铅笔以及生活用品等。

(2) 野外识别鸟类的根据

①形态特征。

形态特征是识别鸟类的基本方法，主要有身体形状和大小、喙（嘴）的形状、尾的形状、腿的长短等4个方面。身体形状和大小方面，为了使同学们容易识别，老师应将观察地区的全部鸟类，按其形状、大小，分为若干类，每一类举一个同学们熟悉的鸟种，作为该类的模型，如麻雀、喜鹊、老鹰、鸡、鸭、鹭等。在野外遇到一种不认识的鸟种时，老师可用与该鸟种同类的模型鸟，引导同学们进行观察、对比。这样去识别鸟类，就会认识深刻、记忆牢固。至于喙、尾形状和腿的长短，也应运用对比的方法引导同学们进行观察识别。

②羽毛颜色。

观察羽毛颜色时，应顺光观察，以免因逆光观察而产生错觉。观察时，除了整体颜色外，还应看清头、背、尾、胸等主要部位的颜色。此外，如时间允许，还应观察头顶、眉纹、眼圈、翅斑、腰羽、尾端等处是否有异样色彩，因为这些部位的颜色，也都是分类的重要依据。

③飞翔与停落时的姿态。

当鸟类在空中飞翔或逆光观察以及距离较远时,很难看清它的形态和羽毛颜色,此时可根据它飞翔和停落的姿态进行大致判断。

④鸣声。

鸟类一般都隐蔽在高枝密叶之间,很难发现它们。此时如果鸟类正处于繁殖期,由于发情而频繁鸣叫,而它们的鸣声又因种而异,各具独特音韵。这样,就可以根据其鸣声特点来判断种类。用鸣声来识别鸟类,常常可闻其声而知其类,收到事半功倍的效果。

(3) 野外识别鸟类的方法

到达观察地点时,为了能对当地鸟种进行充分观察和识别,应尽量不被鸟类发现。行动应该轻捷,说话声音要小,衣着应与环境色调接近,不要穿红色和白色衣服,活动小组的成员应相对分散行动,尽可能保持宁静状态。这样,鸟类就不会被惊动而飞走。

发现鸟类后,可以用望远镜搜索和观察,并且及时选择角度进行拍照。对于鸟类的鸣声,在根据声音进行识别的同时,应进行录音,为返校后进一步判断提供资料。

在一个地点观察完毕准备转移前,应及时做好记录。

四、鸟类标本的制作

鸟类的身体结构较为复杂,一般制成剥制标本。剥制标本的制作是动物学标本制作中一项十分重要的技能技巧。剥制标本不仅常被用到鸟类动物、脊椎动物科的研究分类上,如借助各种剥制标本查对分类检索表等,而且在教学上也有重要意义,经常作为直观教具和实验观察材料,进一步理解动物各目、科、种的基本形态特征。

剥制标本的制作,通常可分7个步骤,即观察选材;处死清理;测量记录;皮肉剥离;防腐还原;支架填充;固定整形。深入掌握这七个步骤,真正做出一件合格的剥制标本,并不是容易的事情。它要求制作者必须具备一定的动物学基础知识;有敏锐的观察能力和认真严肃的工作态度;掌握一定的操作技能并有相当的艺术修养。这些要求对初学者来说,也许有些偏高，但如能细心钻研，勤做多练，按序施术，要掌握初步的剥制技术也不是很难。刚开始做剥制标本可能不太成功，不是神态不像就是填充的体形失真，因此，学做剥制标本的关键就是多学、多观察、多练、多做。

现以家鸽为例，具体讲述动物标本制作中剥制标本的详细制法。

（1）主要材料和工具

解剖盘、解剖剪、解剖镊、解剖刀、小烧杯、软毛刷、针、线、棉花、麻刀（或碎锯末）、新鲜石膏粉、纱布、仪眼（直径为6~8毫米）、木板（长15厘米、宽10厘米）、铅丝（14~16号）。

（2）药品及防腐剂的配制

①药品：硼酸、明矾粉、樟脑、三氧化二砷、肥皂、水、甘油等。

②防腐剂的配制

a. 三氧化二砷防腐膏：取4克切成薄片的肥皂放入烧杯，加10毫升水浸泡几小时后隔水加热使其融化；然后加入5克三氧化二砷及1克樟脑，用玻璃棒搅拌均匀；最后加进少许甘油调匀，冷却成糊状即可使用。这种防腐剂具有保护羽毛不致脱落、防止皮肤腐烂和虫害侵袭的作用，所以特别适用于鸟类。

b. 硼酸防腐粉：具有防腐和保护毛发的功能，无毒，使用安全。将硼酸5克、明矾粉3克、樟脑2克，一起放入研钵中研磨成粉末，混合调匀后即可使用。

（3）观察选材

制作标本前，先要对制作对象进行认真细致的观察。如果是用活体家鸽做标本，就要看看这只家鸽的羽毛是否完整？啄脚是否齐全？皮肤有无损伤？然后对它进行认真的观察和分析，包括身体各部分比例和凹凸情况、行走时的姿势、停下时的神态、起飞时的动作等等，并把这些一一记录下来，以便根据这些特点进行整形。

如果用死的家鸽做标本，首先要检查这只家鸽是否具备制作标本的条件。比如，如果死了的家鸽躯体已经腐败，那么制成标本后羽毛就极易脱落。检查鸟体是否已经陈腐，可以用手揪拉一下它的面颊和腹部羽毛，如果不脱落，其他的羽毛也完整，那就可以使用。

(4) 活鸽处死

因为大量血液的凝固是需要一定时间的，因此在使用活体鸟类作剥制标本时，为使血液不污染鸟体，羽毛干净整洁，就得在剥制前 1~2 小时将鸟体处死，待血液凝固后再行剥皮，这样不仅可使做出的标本美观整洁，而且能避免虫害蛀蚀。

处死方法有以下几种：

①窒息法：用手掐捏胸部两侧的腋部，压迫胸腔，使它无法呼吸而致死。

②气针法：用注射器往翼部内侧肱静脉管中注入少量空气，形成气栓以阻断血液循环，造成脑大量缺氧而使鸟体死亡。

③乙醚法：往玻璃缸中放进浸有乙醚的棉花球，接着把家鸽也放置缸内，不久便可使它昏迷致死，也可用装有少量乙醚的小玻璃烧杯扣住家鸽的头部，或者把乙醚注入家鸽的胸腔使它致死。不过要注意，用乙醚麻醉的鸽肉一般是不能食用的。

④切颈总动脉法：一只手抓住家鸽双翅的基部和两条腿，并使其泄殖腔口朝上，另一只手将解剖剪伸进口腔剪断颈椎处的颈总动脉，从喙处向外放血。待家鸽发生痉挛肌紧张而死亡后，即清理掉血及污物，并用棉花填堵在口腔中，以防污物流出。

总之，处死家鸽的方法很多，应该选择能够最大限度地减少动物痛苦的方法。一般来说，采用乙醚麻醉使动物体昏迷致死的方法比较文明。另外，用电处死动物速度快，不会一造成动物长时间的疼痛，也比较可行。

(5) 死鸽清理

有些受伤或被打死的鸽子，羽毛常被血或污物弄脏。清理的方法是：用棉花团将伤口、口腔、泄殖腔处的口堵住，用毛刷蘸水刷去羽毛上的血渍；如果是白色鸽子的羽毛被染上血污，还需用少量肥皂粉洗涤，然后用干布拭去水分，并在洗涤处撒上新鲜石膏粉。当石膏粉因吸收水分而结成块状时（一般约半小时后），可用刷子刷去粉块；如果羽毛尚未完全干燥，还可重复一次。

(6) 测量记录

工艺品用的剥制标本与教学科研用的剥制标本有一个重要区别：前者没有什么量度记录，只有观赏价值；后者必须有详细的量度记录，包括采集时间、采集地点、体重、长度等，越是稀少、名贵的标本，这方面的要求越严。

①量度

体长：自上喙先端至尾端的自然长度。

体 长

嘴峰长：自上喙先端至嘴基开始生羽部位的长度。

嘴峰长

翼长：自翼角（腕关节处）至最长飞羽先端的长度。

翼 长

尾长：自尾羽基部至最长尾羽先端的长度。

尾 长

跗蹠长：自胫骨与跗蹠关节后面的中点处至跗蹠与中趾关节前下方的长度。

跗蹠长

此外，有些鸟类还需测量爪长、趾长、翼展长，如下图所示。

爪长

趾长

翼展长

上述测量结果要详细记录在登记簿上。

② 记录

除尺寸量度外，每一种标本还需记录如下内容：

采集日期；

采集地点；

体重；

性别；

虹膜、眼球、脚、喙等的颜色。

(7) 皮肉剥离

不论是世界上最小的蜂鸟（体重仅 4~5 克，与拇指差不多大小），还是世界上最大的鸵鸟（体高达 2.75 米，体重达 75 千克），它们的剥制方法基本上是相同的（特殊种类除外），只是有的剥起来容易一些，有的剥起来比较难。剥制的难易主要取决于鸟的皮肤的厚薄和牢度，有的鸟类皮肤极易破裂，并且不易缝合，如杜鹃、夜莺；有的鸟类羽毛疏松，容易脱落，如斑鸠。对于初学者来说，显然是选用那些皮肤和羽毛不易被弄破碰坏的动物比较合适，本节所选的家鸽是非常理想的实验材料。因为它的皮肤厚薄适中，皮下没有大量脂肪，毛羽比较浓紧而不易脱落。

在讲剥制之前，有必要先熟悉一下家鸽的各部分结构，如下图所示。

家鸽的结构

①皮肤开口

将已处死的家鸽直卧于解剖盘上，头部向左，用解剖镊轻轻拨开胸部的羽毛，找到龙骨突起上没有羽毛的部位，并继续分离羽毛至颈部后边的嗉囊处，暴露出胸部及部分颈部的皮肤。然后沿胸部龙骨突起中央，由前向后把皮肤正直地剖开一段，再沿这个切口向前剖开至嗉囊处。注意，切口的大小要合适，过大过小都不利。切口处最好撒上石膏粉，以防羽毛被血液和脂肪所沾污（在后面将要进行的剥离皮肤的全部过程中，都要经常这样做；如果不小心剥破了某个血管，致使大量血液外流，也不要慌张，可及时在伤口处堵上石膏粉，以清理血污）。

鸟类剖口线示意图

②剥离胸部的皮肤

左手轻拿已剥开的皮肤边缘，右手持解剖刀，边剖割边剥离皮肤与肌肉之间的结缔组织，一直剥到胸部两侧的腋下。由于鸽的结缔组织较松，所以也可以用手剥离，只是用力要适当，尽量靠皮肤的基部往下剥，注意不要撕破皮肤。

剥离胸部的皮肤

③剥离颈部的皮肤

用左手的拇指与食指压住靠近锁颈两侧剖开皮肤的边缘，其余三指将头向上托，用解剖刀慢慢剥离颈项的皮肤。当剥至头骨基部时，用左手拇指和食指把颈项肌肉捏住，右手用剪刀将颈部连肉带颈椎骨一起剪断，并用左手把连着头部的颈项向头部方向拉回，如右图所示。

颈项的截断位置

④肩及颈背的剥离

一只手拿起颈部肌肉，使家鸽背部朝上，鸽体倒挂，另一只手把家鸽的头和颈部翻到背上，然后用手按住肩膀，像脱衣服似的从已剖开的颈部开始往下剥离，使颈背和两肩露出，如右图所示。初学者不易掌握分寸，往往用力过猛而把皮肤脱破，所以最好采用下面的方法：把家鸽置于解剖盘中，一只手拿住颈部皮肤的边缘，另一只手慢慢剖割皮肉之间的结缔组织，要注意左右两边同时剖割，以免损坏皮毛。

肩及颈背的剥离

从肩部剥至肱骨部附近时需特别细心，剥到肱骨部中间时用剪刀剪断，如下图所示。

肱部截断位置示意图

⑤体背及腰腹的剥离

继续向体背及腰部方向剥离。剥至腰部时要注意：一般鸟类腰部皮肤较薄，且羽毛的羽轴根大都着生于腰部椎骨上，所以不能用力强拉，必须小心地用解剖刀紧贴腰骨慢慢地割离。在背腰部皮肤逐渐剥离的同时，腹面也必须相应地往腹部方向剥离。

⑥腿的剥离

腹面剥离的结果是两腿显露，这时要先剥其中一条腿的皮肤至胫腓骨部与跗蹠骨部之间的关节处，用剪刀插入胫部肌肉，紧贴胫腓骨向股骨方向剪剔，将胫骨上的肌肉剔除干净，再用剪刀剪去股骨和胫骨之间的关节，胫部的肌肉则在胫跗关节间剪断、剔净。按此方法再剥另一条腿。

⑦尾部的剥离

当腹面剥至泄殖腔孔时，手拿尾部和已剥好的其他部位的皮毛，使剥下的躯体肌肉部分朝下，泄殖腔孔朝上，这样做的目的是为了避免在进行下面的步骤时直肠中的粪便等污物从泄殖腔孔流出。用刀把直肠基部割断，并向后剥至尾基。待尾部背面有尾脂腺露出时，即用刀将尾脂腺切除干净，同时用剪刀剪断尾综骨末端，要注意别剪断尾羽的羽轴根，以免尾羽脱落。剪断后的尾部内侧皮肤呈V形。到此为止，家鸽的皮肤与躯体肌肉就全部脱离了。

这时应该判认一下家鸽的性别，因为仅从家鸽的外形是区别不了雌雄的，只有剖开腹腔，通过生殖器官的辨认才能最后确定。家鸽的雌雄生殖系统如下面上图所示。

体背及腰腹的剥离

腿的剥离

泄殖腔

尾部切断位置

尾部的剥离

鸟类生殖器官

⑧两翼的剥离

翼部皮肉的剥离最难。一般是将肱部拉出，右手拿住肱部，左手将皮肤慢慢剥离；剥至桡尺骨时，可用拇指指甲紧贴飞羽轴根将翼部皮肤从尺骨上刮下。剥时得十分小心，以免把皮肤拉破，使翼羽脱落。初学者通常用解剖刀，先剥离肱骨部的皮肤再小心地使皮肤与尺骨分离。剥到尺骨与腕骨关节之间时，先剪断桡骨与肱部的连接，然后连同腕骨一起剪掉桡骨，只留尺骨，这样填充时操作顺利、迅速，易于整形。

翼的剥离

⑨头部的剥离

首先检查一下口腔中有无污物，如有污物应及时清理干净，然后开始剥头。家鸽头部的特点是头比颈小，故比较好剥。有的鸟类头比颈大，这就需要在后头和前颈背中央直线剖开一个口，切口的长度视鸟头的大小而定，通常以能将头部和颈项翻出为准。

下面的剥离方法对两类鸟类都适用：左手拿住颈项，右手持解剖刀把皮肤向头部方向剥离，剥至枕部时两侧出现不明显的灰褐色的耳道，此时应用解剖镊夹紧耳边基部将它轻轻拉出，或用解剖刀紧靠耳边基部将它割断。继续向前剥落头部两侧，又出现暗黑色的眼球，用解剖刀轻轻割开眼睑边缘的薄膜，注意千万不要割破眼睑，以免影响标本的美观，切割时尽量靠近眼球，如不慎将眼球割破，要及时用石膏粉或棉花清理，并用剪刀把上下颌及其附近的肌肉剔除干净。

耳道的剥离　　　　　　　　　眼眶的剥离

⑩剪开脑颅腔，清理鸟体

脑颅腔切开位置

肌肉剥离后未复原的皮肤和骨骼

按图示指定的部位在枕孔周围剪开脑颅腔，扩大枕孔，用镊子夹住脑膜把脑取出，并用一团棉花将脑颅腔擦拭干净。接着清除整个鸟体皮肤内侧上的残脂碎肉，并把剥皮过程中撒的石膏粉也用刷子刷去肌肉剥离后未复原的皮肤和骨骼。

(8) 防腐处理

为了防腐和保护羽毛不脱落，需作防腐处理。常用的防腐剂有砒霜或砒霜樟脑粉、石炭酸等。防腐剂毒性大，使用时应注意安全。

涂防腐剂前需将鸟皮全部翻转，再用毛笔蘸一些防腐剂涂在皮肤的内面、骨骼、颅腔等处，特别是尾基部残余肌肉较多的地方应多涂抹一些，全部涂完后将皮翻回。

(9) 支架填充

支架是用2根或3根铅丝扭结而成，所用铅丝粗细以能支持标本重量为宜（家鸽一般用16号铅丝）。其中的一根铅丝用来支持躯体，其长度应长于体长。另一根铅丝的两头沿胫骨向足心穿出。做展翅标本时，用第三根铅丝沿着两翅的肱、尺骨捶到指骨表端为止。在三根铅丝相应的躯干部、腿部和臂部之处缠绕棉花或麻皮。

装入支架后，再填装适量棉花或竹线。先从颈基部、胸部往后加填。胸部必须填得丰满、均匀、平整。如不是展翅标本，将两尺骨放在体内近中央的棉花上，再用棉花塞住，勿使尺骨髓翼脱出，使两翼紧贴体侧。

将假眼嵌入眼眶，如无假眼，要暂用棉团填入眼眶。

全部填装完后，把腹面切开的皮肤拉拢，在切口处用外线缝合。缝时针先从皮肉穿出，再由对侧皮内向外穿出。针距要适宜，针口不宜离皮肤切口过近，以免拉破皮肤。缝口应由前向后，缝完后打一结，将腹面羽毛理顺并掩盖住缝线与切口。

(10) 固定整形

①整理羽毛：用镊子轻轻理顺各部分的羽毛，哪个部位发现羽毛缺少，应用附近的羽毛将其遮盖。

②整理眼眶：用镊子将眼眶挑拨成圆形，并要特别注意两只眼睛的位置在同一水平上，切不可一高一低。

③整理躯体：用手将躯体凹、凸、斜、歪等不合适的地方加以矫正，使躯体看上去整齐、顺眼。

④整理姿势：

a. 飞翔姿势——头、颈、躯体几乎成一直线，两翅张开，两脚缩起或向后伸直；

b. 静立观望姿势——鸟体直立，两脚胫跗部伸直，头部略为抬高；

c. 静立姿势——两脚平行直立或一前一后，胫跗关节微曲，头颈在躯体的前上方，头部向前或转向侧面，颈部略弯曲，躯体背高、腰低，尾部朝下，尾羽不张开或微张；

d. 觅食姿势——两脚一前一后，胫跗关节略弯，头部向下靠近地面，颈部稍曲，偏向左或右侧，背低腰高，尾羽一般朝上并张开。

将初步整形的标本固定在标本台板上。先在台板上按动物两脚位置扎孔钻眼，再将标本脚下的铅丝插入孔内并在台板下面固定。也可以将鸟类标本固定在合适的树枝树桩上，这样能更好地衬托出标本的生动形象。但要注意：a）树枝或树桩经消毒后方可使用，以防虫蛀；b）营陆栖生活的鸟类和游禽不能固定在树枝上。

（11）最后整形

固定在台板或树枝上的标本，需继续理顺羽毛，矫正姿态，使它更接近于自然状态。为防止干燥过程中羽毛损坏和两翅下垂变形，可用纱布或棉花包裹鸟的躯体。

在标签上记下标本的重量、体长、采期、采地、性别等，并把标签贴在台板上。

标本放在避阳通风处干燥后，取下包裹的棉花或纱布，在喙、脚处涂一层稀清漆（加松香水），放入标本柜保存。

初学者最难学习的也许是固定整形。整形工作的水平在很大程度上影响着标本是否形象、生动、逼真。制作者只有通过实践，认真观察动物的形态结构和生活习性，并不断提高自己的制作水平，才能把整形工作做好。

第二节　两栖类的采集和标本制作

一、两栖类的活动规律

我国的两栖类动物约有200种，大多分布于淡水水域及其沿岸一带，少数分布于农田和森林地区，草原地区的两栖类种类很少。

两栖类的活动规律主要表现在季节性活动、昼夜活动两个方面。

（1）季节性活动

我国北方地区的两栖类，一般约在3~5月份结束冬眠，开始苏醒；南方则提早1~2个月左右，如蟾蜍在2月份、黑斑蛙和泽蛙在4月份苏醒。有些种类苏醒后立即进入繁殖期，如大蟾蜍；但有些种类则在以后才进入繁殖期，如泽蛙。春、夏两季是两栖类繁殖、生长发育和觅食主要时期。

秋末天气渐冷便陆续进入冬眠。不同地区、不同种类的冬眠时间和冬眠地点常不相同，如大鲵多在深洞或深水中冬眠，黑龙江林蛙在河水深处的沙砾或石块下冬眠，大蟾蜍则多潜伏在水底或烂草中冬眠，等等。

（2）昼夜活动

无尾两栖类大多夜间活动，它们白天匿居于隐蔽处，以躲避炎热天气，如大蟾蜍常匿居于杂草丛生的凹穴内，黑斑蛙多匿居于草丛中，等等，黎明前或黄昏时活动较强，雨后更加活跃。但少数种类如泽蛙则在白昼活动。有尾两栖类一般也多在夜间活动，如大鲵白天潜居在有回流水的细沙的洞穴内，傍晚或夜间出洞活动，只在气温较高的天气，才在白天离水上陆在岸边活动。

二、两栖类的采集

（1）采集用具

①捕网：用于捕捉水中或岸边活动的无尾类。结构与昆虫捕网相同。其网袋要用孔目较大的尼龙纱制成，以利透水。

②钓竿：用于钓捕无尾类。竿的顶端系一细绳，绳端缚有蝗虫等诱饵。
③布袋：用于盛放两栖类成体。
④记录本及铅笔。

(2) 采集的时间和环境
①采集时间。

北方地区的3～8月，南方地区的2～10月，都有两栖类进行繁殖，尤其是3～7月，进行繁殖的种类最多，是采集的最好时期。在此时期中，雌、雄成体会集到水域或近水域的场所，相互抱对产卵，此时不仅可采到许多成体，也可采集卵和蝌蚪。

②采集环境。

适合采集两栖类的环境，一般是草木繁茂、昆虫滋生、河流、池塘和山溪较多的地方。在这样的环境中，两栖类的种类和个体数目最多。

(3) 采集方法
①无尾两栖类的采集方法。

对活动能力较弱的种类如大蟾蜍、花背蟾蜍和中国林蛙，可用手直接捕捉；对水中活动和跳跃能力较强的种类，如黑斑蛙、金线蛙、蝾螈等，可用网捕捉。有些种类栖息于洞穴，水边或稻田草丛中，如虎纹蛙，可用钓竿进行诱捕（诱捕时，一手持钓竿，不时抖动钓饵，诱蛙捕食。蛙类具有吞食后不轻易松口的特点，可以利用这一特点进行捕捉）。

无尾两栖类在夜间行动迟缓，尤其在手电筒照射时，往往呆若木鸡，很好捕捉。但夜间路途难行，采集者如果道路不熟悉，容易落入水中。因此组织同学们采集两栖类时，应安排在白天进行，以防止发生意外。

②有尾两栖类的采集方法。

有尾两栖类大多为水栖，而且大多栖居在高山溪流的浅水中，白天多潜伏在枯枝落叶的石块下或石缝中。可在白天翻动石块寻找。有些种类生活在山区水塘中，如肥螈、瘰螈等，当水清时，常能从水上看到它们。这些种类性情温和，游动缓慢，可用手捕捉或用网捕捞。

三、两栖类的成体测量和记录

(1) 测量用具用品

①体长板：用于测量成体各部分长度。其规格、质地与测量鱼类的体长板相同。

②乙醚：用于麻醉杀死动物。

③号签（竹制）、记录本、铅笔等。

(2) 测量准备工作

将需做标本的活的成体动物用乙醚麻醉杀死，然后用清水洗涤干净，系好号签。

(3) 测量内容

①无尾两栖类的主要测量部位——

体长：自吻端至体后端。

头长：自吻端至上、下颌关节后缘。

头宽：左右关节之间的距离。

吻长：自吻端至眼前角。

前臂及手长：自肘关节至第三指末端。

后肢长：自体后端正中部分至第四趾末端。

胫长：胫部两端间的长度。

足长：内趾突至第四趾末端。

②有尾两栖类的主要测量部位——

体长：自吻端至尾端。

头长：自吻端至颈褶。

头宽：左右颈褶间的距离（或头部最宽处）。

吻长：自吻端至眼前角。

尾长：自肛孔后缘至尾末端。

尾宽：尾基部最宽处。

(4) 记录

按两栖类成体野外采集记录表栏目进行记录，见下页表。

两栖类成体野外采集记录表

编号	
种名	
采集日期	
采集地点	
生活环境	生活习性
性别	第二性征
体色	
体长	头长
头宽	吻长
前臂及手长	后肢长
胫长	足长
尾长	尾宽
其他	

四、标本制作

两栖类大多根据外形和内部骨骼特点进行分类检索。因此，对两栖类采集、测量和记录之后，应制作浸制标本和骨骼标本。

本节以蛙类为例，说明骨骼标本的制作。

骨骼标本是动物比较解剖学中常用的直观教具之一。由于骨骼的结构比较复杂，特别是脊椎动物头骨的演化知识比较抽象，不易理解，所以，通过对脊椎动物骨骼标本的观察、对照和比较，帮助学生掌握和理解动物骨骼的知识，了解各纲代表动物之间的亲缘关系，具有十分重要的意义。

骨骼标本有三类：①关节分离的骨骼标本。这种标本骨骼和骨骼之间的关节在制作过程中基本上是分离开的，制成后的标本关节之间用金属丝上下串联在一起。②附韧带的骨骼标本。这类标本比较多见，它们的骨骼和骨骼之间的关节处以韧带相连。③透明的骨骼标本。在制作这类标本时，采用化学药品处理，使其肌肉透明，从而显现出骨骼。

不同的动物种类采用不同的标本制作方法。如大型动物梅花鹿、虎、豹等宜采用关节分离骨骼标本的制作方法，家鸽、兔、蛙等小型的动物宜采用附韧带骨骼标本的制作方法，一些更小型的动物如小兔、小鱼、蝌蚪等则最好制作透明骨骼标本。本节重点介绍附韧带骨骼标本和透明骨骼标本的制作方法。

（1）附韧带的骨骼标本制作法

①药品

a. 腐蚀剂：0.5%～2%的氢氧化钠溶液，用以腐蚀残留在动物骨骼上的肌肉，使骨骼构造清晰、洁净。

b. 脱脂剂：汽油、二甲苯，用于溶解、清除骨髓中的脂肪。

c. 漂白剂：0.5%～1.5%过氧化钠、8%或30%过氧化氢、1%～3%漂白粉（次氯酸钙）的溶液，用以漂白骨骼。

②工具、器皿及其他

a. 工具：解剖剪、解剖刀、解剖镊、解剖盘。

b. 器皿：标本瓶、烧杯、量筒、玻璃棒等。

c. 其他：乳胶、大头针、标本台板（泡沫塑料板或软木板）、玻璃标本盒。

③附韧带的骨骼制作的3种方法

a. 冷制作法：这种方法在剔除肌肉时不需做任何处理，打开腹腔后，可以让学生仔细观察内脏各系统的形态结构，然后再去皮去肉，做成骨骼标本。

a）先将已麻醉昏迷的蟾蜍置于解剖盘中，腹面朝上，左手持镊子夹起蟾蜍皮肤，右手持解剖剪沿腹中线偏左或偏右剪开腹面（注意不要剪断腹部大动脉，以免流血过多而影响解剖观察）。接着将皮肤剥离。蟾蜍耳后方有1对发达的耳后腺，内含毒液，溅到人的皮肤上和眼睛里会引起疼痛，剥离时得格外小心。

b）将剥完皮的蟾蜍仍然腹面朝上呈"大"字形，用大头针斜插四肢予以固定，再按上述剪皮肤的方法剪开腹部肌肉（注意不要剪到胸部肌肉，以免剪坏剑胸软骨），便可观察蟾蜍内脏。

c）用剪或刀将蟾蜍的内脏挖出。由于它的肩胛骨无韧带与脊椎相连，所以要在第二、三脊椎横突上把左右肩胛骨连同肢骨与脊椎分离，使蟾蜍分成2部分。

d）细心剔除附着在蟾蜍全身骨骼上的肌肉。为避免躯干与腰带相连的韧带分离，在清除脊椎横突与髂骨相连的肌肉时，最好多留一些肌肉和韧带。

e）清水冲洗剔除肌肉的骨骼，然后放进0.5%～0.8%的氢氧化钠溶液中浸泡腐蚀，时间约1～3天。浸泡的目的是使骨骼上残余的肌肉膨胀发软，以便进一步清理。在腐蚀骨骼的过程中，如果发现韧带呈透明胶状，说明腐蚀已经过度，必须随时观察，掌握好腐蚀时间。腐蚀后的骨骼用清水冲去碱液，并再作一次清理，至骨骼上完全干净无肉为止。腐蚀剂不要用金属容器盛放，更不要与易锈金属接触，以免腐蚀损坏容器和铁锈沾污骨骼。

制作鸟类（鸟）和哺乳类（兔）动物的骨骼标本，其方法基本上与蟾蜍的一样，只是在腐蚀肌肉后要脱脂。因为这些种类动物的脂肪比较多，尤其是骨骼里的脂肪，如不及早清除，制成标本后脂肪将会从骨骼间隙中渗透出来，使骨骼发黄，并容易沾染灰尘。办法是把腐蚀后的骨骼先晾干，再放入汽油或二甲苯中脱脂。如以汽油脱脂，应使用密闭容器，以防汽油挥发，并要注意安全。脱脂时间约1星期。

f）漂白骨骼是用0.5%～0.8%的过氧化钠溶液浸泡2～4天，然后取出用清水洗去过氧化钠溶液。如果使用过氧化氢溶液漂白，还要特别注意溶液的浓度和漂白的时间，因为过氧化氢（双氧水）的腐蚀力很强，浓度过高或时间过长会破坏骨骼上的珐琅质，使骨骼易碎、易折。过氧化氢溶液的浓度一般取3%～30%，检查浓度是否适中的法办是取一小滴配制好的溶液滴在指甲上，1分钟后观察，如果冒泡了，那就说明漂白液浓度过高。漂白时间的长短视骨骼的质地和厚薄而定。蛙一般不用漂白，若要漂白，可用浓度很低（3%）的双氧水浸泡3～4小时，不要等骨骼非常白时才拿出来。

用小刷子沾浓双氧水刷骨骼的漂白方法效果也不错，但也要注意不要刷得太白。

g．整形和装架。将处理好的骨骼放在软木板或泡沫塑料板上，整理好躯体和四肢的姿态，即可进行干燥。为防止在干燥过程中骨骼支架变形，

第五章　脊椎动物标本的采集与制作

应用大头针将整好姿势的骨骼固定在软木板上。蟾蜍在生活状态时头部是抬起呈倾斜状的，为此最好在下颌和胸椎骨下面垫些棉花。骨骼干燥后，可用乳胶将两部分骨骼粘在一起，前肢的腕骨和后肢的蹠骨也用乳胶粘在标本台板上，如下图所示。最后，将制成的骨骼标本装入玻璃标本盒中。

侧面　　　　　　　　　　　背面

蛙类的骨骼

b. 热制作法：用开水浸泡剥皮的蟾蜍，由于用开水烫过的肉很嫩，所以容易把它从骨骼上除掉。具体做法如下：

先将蟾蜍放在密闭的标本瓶中，用乙醚麻醉使它昏迷致死。然后剥去蟾蜍的皮，挖出内脏，用解剖刀和解剖剪剔除大块的肌肉，再放入100℃的开水中浸烫。浸烫时间的长短要根据蟾蜍的大小来定，时间太短固然不行，时间太长也会带来问题，不仅肉被"煮"老，反而不好清理，而且联结骨骼间关节的韧带可能被"煮"断，给最后的骨骼定型带来很大困难。要是开水烫后清理仍不干净，还可以用小牙刷继续清理。

剔除皮肉时，要注意蟾蜍骨骼的头骨、脊柱、腰带和后肢骨各关节间均有韧带相连，不能把这些韧带弄断，而应借助韧带保持各关节的联系。另外，还要重视蟾蜍的前肢骨和肩带骨与家兔不同，蟾蜍的前肢骨、肩带骨与脊椎之间虽然没有韧带相连，但左右前肢骨与肩带骨各关节之间却有韧带，把左右上肩胛骨从第二、三脊椎横突上割离后，前肢骨与肩带骨之间仍可借助于韧带保持联系。

热制作法的优点是制作简单、迅速，处理当时就能制作出标本。缺点是不容易掌握好在开水中热"煮"的时间，掌握不好会把韧带烫断。

整形装架与剖腹制作法的相同。

c. 蠹虫制作法：蠹虫是昆虫纲，皮蠹科动物，非常喜欢吃各种动物的干肉，尤其是幼虫，吃肉的胃口很大，食用速度也快。此法与冷制作法的前4个步骤相同，不同的是在第五个步骤，需将蟾蜍整好姿势，摆好位置，然后放在室外招引蠹虫前来吃肉。如果是夏天制作标本，应先将肉风干，以防蝇蛆腐蚀。还应随时注意观察蠹虫吃食的情况，肉被基本吃完时，要马上拿回室内，否则蠹虫会毫不客气地把骨骼上的韧带也吃掉。

(2) 透明骨骼标本制作法

透明骨骼标本制作法是利用化学药品和染料对动物体的肌肉和骨骼进行固定、染色，再把肌肉上的颜色退去，留下骨骼上的颜色，借助药品的作用使肌肉透明，让埋藏在肌肉里的染有颜色的骨骼显现出来。制作透明骨骼标本要经过固定、透明、染色、进一步透明、脱水及保存6个步骤。只要操作严格、细致、耐心，这种标本是比较容易做成的。

①固定：将蟾蜍处死后，剥掉皮肤，掏出内脏，用清水冲洗掉动物体上的血液，然后把它的姿态整理好，绑在玻璃板上放入盛有固定液的标本瓶中。固定液最好是用95%的酒精，过去用福尔马林液固定效果不佳。动物体在酒精中固定约1星期，酒精每隔2天更换一次。固定以后用水把酒精冲净。

②透明：把动物体放在1%~2%的氢氧化钠溶液中浸泡2~4天（如溶液浓度加大，浸泡时间要相应缩短），到肌肉呈半透明状、能隐约见到埋藏在肌肉中的骨骼为止。

③染色：用1%或2%的茜素红溶于酒精（浓度为95%）或水中给动物体染色，时间约12~36小时，使整个标本呈紫红色。

④进一步透明：首先用2%氢氧化钾或氢氧化钠30毫升、甘油30毫升、水60毫升配合成混合液，然后将动物体浸于混合液中1~3天，并放到强烈的阳光（不是指夏天的强光，而是指冬天的强光，夏天的强光温度过高，作用太快不易掌握，所以这种标本适于在冬天制作）下曝晒，待肌肉褪成淡红色，再浸入30%的甘油中1天，最后还要放在氢氧化铵30毫升、甘油30毫升、水70毫升的混合液中浸泡2~5天。

⑤脱水：当肌肉已经透明，骨骼颜色呈紫红色时，为防止标本产生皱缩现象，可将它依次放入浓度为25％、50％、75％、100％的甘油中各浸泡2～4天，使标本脱水到全部透明为止（浸渍时间的长短视动物体的大小而定）。

⑥保存：为使标本能长期保存而不被霉菌所污染，可将标本浸入纯甘油，并加入少量（一小粒）麝香草酸。

（3）透明骨骼标本的简易快速制作法

上面介绍的透明骨骼标本制作法，所需时间较长，小型动物需1～2个月，较大型动物需要几个月、1年甚至1年以上。这里介绍的简易快制作法只需4天左右即可做出小型动物鱼、蛙的标本，较大型的动物也只需7～8天，这样就大大节省了时间。简易快速制作法的具体操作过程介绍如下：

①除去动物的皮及内脏，洗净躯体上的血污。

②整姿后浸在95％酒精中放进37℃恒温箱中1天，然后放到无水酒精中仍置于37℃恒温箱内8～12小时，目的是使细胞组织完全脱水、干燥。

③将标本移入2％～8％的氢氧化钾水溶液中，置于24～25℃恒温箱内。当隐约能看出脊柱时，即逐渐降温至14～15℃，待头骨和前肢已可见，再使温度下降至13℃；当后肢特别是臀部骨骼也已可见时，整个标本就全部透明了。

④将透明好的标本依次浸入下列溶液中进一步透明：第一种溶液是甘油50毫升，2％～8％氢氧化钾水溶液25毫升，蒸馏水25毫升，时间约8～12小时；第二种溶液是甘油80毫升，蒸馏水20毫升，时间约8～12小时；第三种溶液是纯甘油加0.5％福尔马林防霉防腐，作为永久封藏液。

为使标本更加美观，还可用茜素红染色。

第三节 淡水鱼类的采集和标本制作

一、我国淡水鱼类的分布概况

我国淡水鱼类有 800 余种。其中，有些种类分布很广，几乎到处可见。如以水草为主要食料的草鱼、鳊鱼、三角鲂、赤眼鳟等；以浮游生物为食的鲢、鳙等；杂食性的鲤、鲫等；其他如花鱼骨、麦穗鱼、达氏蛇鮈、银鲴、白条鱼、棒花鱼、黄鳝、白鳝、花鳅、泥鳅、鲶鱼以及常见凶猛鱼类乌鳢、鳜鱼、鱤等；此外还有性情温和的肉食性鱼类翘嘴红鲌、蒙古红鲌、青鱼等。

随着地理位置南移，江河中的温带鱼类越来越多，冷水性鱼类则逐渐减少。辽河水系有鱼类 70 种，其上游尚有北方种类；黄河水系约有 140 种，长江水系约有 300 种，两者的冷水鱼类极少，除常见的青、草、鲢、鳙、鳊、鲂、鳡、赤眼鳟、胭脂鱼等重要经济鱼类外，还有鲥鱼等特有种。

二、淡水鱼类的活动规律

淡水鱼类的活动受到水温、日照、水流、饵料、地形等因素的影响，而发生规律性的变化。

水温对鱼类活动的影响很大，不少鱼类常常根据水温的周年变化改变着栖息的水层。当冬季水温较低时，鱼类都游向深层或水底处，很少活动；春季随着水温升高，水量和水面的增大，鱼类开始活跃，并向岸边游动和觅食；夏季由于水域表面或上层的温度较高，鱼类就比较分散，并栖息阴凉的地方或水的较深处，而早、晚则活跃在浅层中。

在一天当中由于日照的变化，在湖泊、水库等水域中的鱼类，往往出现活动地点的变化。在早晨，鱼类多游向岸边或水草丛生处，以觅饵料；中午游向深而清净的水中或栖息于岸边遮阴处；日落时又游向岸边；到夜晚则分散栖息到水草丛中或深水中。

水流也影响和改变着鱼类的活动。在湖泊或水库中，往往在水流汇合处，由于有机质丰富，浮游生物和底栖生物较多，而且水中含氧充分，往往成为鱼类的栖息场所。

湖泊、水库等处天然饵料的变化，也导致鱼类栖息和活动地点的变化。春季沿岸浅水层的水温上升较快，水中天然饵料比其他水体先得以繁茂增生，这时鱼类就向岸边集结，随着水温继续上升，各部分水体中的饵料都相应地繁殖起来，鱼类活动区域也就随之扩大和分散，并出现各种分层现象。地形对鱼类的活动也有一定的影响，如湖岸的突出部分和两处水面相连通、汇合的地方，往往是鱼类的必经之路。

但是，在池塘、河道中，鱼类活动和分布就没有一定的规律。

三、淡水鱼类的采集

（1）采集工具

①网具：用于捕捞淡水中的鱼类。网具有拉网、围网、刺网、撒网、张网等类型。同学们进行鱼类采集活动，最好使用小型撒网和刺网。撒网由网衣、沉子纲、沉子以及手纲等部分组成，大小不定。网衣用生丝、细麻或尼龙线等编结而成。刺网由网衣、浮子和钢绳等部分组成，高约1～1.5米，长短可根据需要，网衣由丝线或麻线制成，质地要求细软坚韧，以防被鱼发觉和挣断。

②钓具：用于淡水钓捕鱼类。钓具是在一条干线上系上许多钓钩，钓鱼时在钩上装上诱饵。钓钩呈弧形或三角形，尖端一般都有倒刺，用钢丝制成。作业时所用诱饵有蚯蚓、蚱蜢、螺蛳肉、小鱼虾等，也可用麦粒、粉团、甘薯块、南瓜块等。

③橡胶连鞋裤：用于在浅水中撒网等采集活动。

④帆布水桶：用于盛放捕到的鱼类。

⑤记录册、铅笔等。

（2）采集时间、地点

应在春夏季节，选择晴天作为采集时间；选择江、河、湖泊近岸浅水中水草丛生处作为采集地点。

（3）采集方法

①使用网具或钓具的方法。使用撒网时，操作者站在岸边或浅水中，左手拿住网的上部和手纲，并兜托部分网衣，右手将理好的网口握住，然后对准有鱼的位置，用力将网向外作弧形撒出，使网衣呈圆盘形状覆盖住水面下沉，待沉完后，再慢慢拉收手纲，使网口逐渐闭合，鱼类即被夹裹在网内。

如果使用刺网，可选择有大量水草的边缘地区，在傍晚时下网，使网固定拦阻在一定的位置上。由于天黑，鱼类不易发现网衣的存在，而冲向刺网，鳃盖被网眼挂住，无法逃脱。次日清晨收网。使用钓具时，如果用活饵，应不使其因穿刺而死亡，同时不要使钩子露出诱饵表面。放钓时间一般应在傍晚，早晨收钓。

②尽量不损伤鱼体。收网、收钓时，对上网、上钩的鱼，要小心起捕，尽量不损害鱼体的鳍和鳞片，以便能制作完整的标本。

③注意增加所捕鱼类的科、属、种数目。在采集中不要追求每种鱼类的标本数，而要力求增加科、属、种的数目，特别要注意采集小型非经济鱼类和不同年龄的个体，以使同学们认识更多的鱼类，并了解一个水域中鱼类种类组成和年龄分布特点。

（4）采集注意事项

采集地点应限定在岸边和浅水区域，严禁同学们在采集中游泳，以保证采集安全进行。

四、鱼体的观察、测量和记录

对采集的鱼体进行观察、测量和记录，是鉴定标本名称时的重要依据，同时也是制作剥制标本时的参考依据。在野外采集到鱼类标本后，应趁鱼尚未死去或鱼体新鲜时迅速进行观察和测量，并同时做好记录工作。

（1）观察、测量的用具用品

①体长板：用于测量鱼体各部分的长度。体长板通常用塑料板画上米制方格刻度制成。也可购买塑料质地的坐标纸，钉在木板上制成体长板。

②白瓷盘：用于盛放需观察、测量的标本。

③号牌：用于标本编号。号牌通常用竹片制作，长4厘米，宽0.8厘

米，正面用毛笔写上号数，涂上清漆，干后即可使用。

④纱布、软毛刷、塑料盆：用于洗刷标本。

⑤秤：用于称取鱼的体重。

⑥记录册、铅笔：用于记录。

(2) 观察、测量前的准备工作

①标本处理。对采集的鱼类标本，先用清水洗涤体表，将污物和黏液洗掉。对体表黏液多的鲶鱼、泥鳅和黄鳝等种类，要用软刷沾水反复刷洗干净。刷洗时，应按鳞片排列方向进行刷洗，以免损伤鳞片。在洗涤过程中，如发现有寄生虫，要小心取下放进瓶内，注入70%酒精保存，并在瓶外贴上号牌、写明采集编号。

②编号。将洗涤好的标本，放在白瓷盘中，根据采集顺序依次编号。每一个标本都要在胸鳍基部系一个带号的号牌。如果号牌已用完，可用道林纸作号牌，用铅笔写清号数，折叠后塞入鱼的口腔深部，回校后再补全竹制导签。

(3) 观察、测量内容

①记录体色。每一种鱼都有自己特殊的体色，而且同一种鱼在不同环境中，其体色往往也有差异。鱼类体色虽不是主要鉴定特征，但对认识鱼有一定意义，对同学来说，鱼的体色更为直观和形象。因此应趁标本活着或新鲜时，将体色记录清楚。

②外部形态测量。为了快速、准确地测量鱼体各部分的长度，应该将鱼放在体长板上进行测量。鱼体外部形态的测量项目如下：

全长：由吻端或上颌前端至尾鳍末端的直线长度。

体长：有鳞类从吻端或上颌前端至尾柄正中最后一个鳞片的距离；无鳞类从吻部或上颌前端至最后一个脊椎骨末端的距离。

头长：从吻端或上颌前端至鳃盖骨后缘的距离。

吻长：从眼眶前缘至吻端的距离。

眼径：眼眶前缘至后缘的距离。

眼间距：从鱼体一边眼眶背缘至另一边眼眶背缘的宽度。

尾长：由肛门到最后一椎骨的距离。

尾柄高：尾柄部分最狭处的高度。
体重：整条鱼的重量。

③鱼体各部分性状计数——

侧线鳞：沿侧线直行的鳞片数目，即从鳃孔上角的鳞片起至最后有侧线鳞片的鳞片数。

上列鳞：从背鳍的前一枚鳞斜数至接触到侧线的一片鳞为止的鳞片数。

下列鳞：臀鳍基部斜向前上方直至侧线的鳞片数。

填写的格式为：侧线 $\frac{上列鳞}{下列鳞}$，如鲤鱼的鳞式为：$33\frac{5—6}{4—5}36$。

咽喉齿：鲤科鱼类具有咽喉齿。咽喉齿着生在下咽骨上，其形状和行数随种而异。一般为1~3行，也有4行的，其计数方法是左边从内至外，右边从外至内，如鲤鱼咽喉齿式为1·1·3~3·1·1。咽喉齿的特点是鲤科鱼类的分类依据之一。

鳃耙数：计算第一鳃弓外侧或内侧的鳃耙数。

鳍条数：鱼类鳍条有不分枝和分枝两种。在鲤科鱼类中，两者均用阿拉伯数字表示；其他鱼类的分枝鳍条用阿拉伯数字表示，而不分枝鳍条则用罗马数字表示。

上述各项观测结果，应在观测过程中及时填写在鱼类野外采集记录表中，见下表。

鱼类野外采集记录表

编号	
种名	
采集地点	
采集日期	性别
体色	
体重	全长
体长	体高
头长	吻长
眼径	眼间距
尾柄长	尾柄高
侧线鳞	咽喉齿
鳃耙数	鳍条数
其他	

五、鱼类浸制标本的制作和保存

对一个鱼类标本观测记录结束后,应将标本进一步制成适宜长期保存的标本,一般鱼类被制为浸制标本。浸制标本是用防腐固定液固定,以防止动物体腐烂变质,从而达到长期保存的目的。其制作比较简单,主要分为选择材料、整理姿态、防腐固定、装瓶保存4个步骤,最后贴上标签。具体如下:

(1) 主要药品、溶剂及器具材料

器具材料包括标本瓶或标本缸,2~3毫米厚的玻璃片,曲别针,解剖镊,解剖刀,塑料盘。

药品和溶剂主要是10%的福尔马林液——福尔马林10毫升、水90毫升,这样的福尔马林液最适于一般整体标本的固定和保存。

(2) 制作方法

①选择材料

一般应选鳍条完整、鳞片齐全、体形适中的新鲜鱼类作为标本材料。如果鱼的体型过大,因受标本缸的限制,通常做成剥制标本来保存。

②整理姿态

整理姿态前,要先用水冲净鱼体表面黏液,进行登记、编号和记录,并在腹腔中注入适量的10%福尔马林液以固定内脏器官。整理姿态时,应按鱼的生活状态用镊子轻轻将鱼的鳍展开,用塑料薄片或厚纸片夹住展开的背鳍、胸鳍和尾鳍,并用曲别针夹紧,放入塑料盘中。

③防腐固定

塑料盘中盛有10%福尔马林液,以浸没鱼体为准。鱼体在此临时固定,待硬化后再用水冲洗干净。

④装瓶保存

用玻璃刀按鱼体大小划好玻璃片,长针穿好白色丝线后分别从胸部和尾基部靠近玻璃面的一侧穿过,并把标本系在玻璃片上,然后装入标本瓶中(注意标本瓶一定要事先清洗干净,不得有杂物),倒进10%福尔马林新液,将盖盖紧。取标签,写上学名、中名、采集时间、采集地点和编号,贴在标本瓶上。为防止福尔马林液挥发为害，还可用蜡密封瓶口。

如果是蛙、蛇的整体浸制标本，一定要注意固定姿态时尽量减少标本所占的空间，长度也要适当，这既有利于装瓶保存，也有利于运输。

第四节 爬行类标本的采集和制作

 一、我国爬行类常见种类的分布概况

我国共有爬行类动物300余种，主要为蛇类、蜥蜴类和龟鳖类，还有我国特产的扬子鳄。它们广泛分布于森林、草原、农田、居民点以及淡水水域中。

（1）森林

在东北小兴安岭和长白山针阔混交林地区，典型种类有黑龙江草蜥、团花锦蛇、棕黑锦蛇、灰链游蛇、蝮蛇等。在华北落叶阔叶林地区，优势种有虎斑游蛇、黑眉锦蛇、红点锦蛇、赤链蛇、蝮蛇、丽斑麻蜥、无蹼壁虎等。在亚热带常绿阔叶林地区，大部分地区最常见的蛇类有乌游蛇、草游蛇、水赤链游蛇、鼠蛇等南方种类。广布于北方的蝮蛇，在本区也很普遍，红点锦蛇、虎斑游蛇等也较常见。本区的毒蛇种类较多，除蝮蛇外还有眼镜蛇、五步蛇、竹叶青等。蜥蜴类中最常见的是北草蜥、石龙子、蓝尾石龙子、多疣壁虎等。

（2）草原

蜥蜴类以丽斑麻蜥和榆林沙蜥比较常见。蛇类以白条锦蛇分布最广泛，黄脊游蛇在北部甚为常见。

（3）农田

北方农田及其附近常见蛇类有虎斑游蛇、黑眉锦蛇、红点锦蛇和赤链蛇。南方的山地、田野、稻田内常有中国水蛇、乌梢蛇、铅色水蛇等。

（4）居民点

常见的蜥蜴类有无蹼壁虎、多疣壁虎等。在南方常见于住宅附近的蛇类有银环蛇和白唇竹叶青，黑眉锦蛇和烙铁头也常侵入住宅内。

（5）淡水水域

北方水域中，龟鳖目常见的只有1种鳖，蛇类中以虎斑游蛇、水赤链蛇等为常见。南方常见的有乌龟、锯缘摄龟等。另外，我国特产的扬子鳄分布在皖南丘陵等地。

二、采集

爬行类由于是变温动物，活动规律有一定的季节性，一般在11月份以前进入冬眠期，3月份前后苏醒出蛰，4~10月份为活动期。爬行类能适应多种多样的生活环境，在田边、山坡、池塘、溪畔、灌丛、草地、树上、房屋、海域等各种不同环境中，都有它们的分布，都是采集它们的地点。

（1）蜥蜴类的采集

蜥蜴类常常生活在干燥、温暖、阳光充沛的山坡、草丛、树上或路旁的石堆缝隙中，有时爬到草丛上捕食昆虫。我国产的蜥蜴类，大多数是小型种类，使用简单工具就能进行捕捉。常用工具有软树枝、活套、蝇拍、小网、钓竿等。

①用软树条扑打。当发现蜥蜴后，可用软树枝或细竹梢扑打，使其受震而暂时不能活动，然后迅速拾起放入容器内。我国产的蜥蜴均没有毒，完全可以用手拾取。这种方法主要用于地上活动的种类。

②用蝇拍或小网捕捉。此法多用于墙壁上活动的种类。

③用活套捕捉。用一根长竹竿，其末端结一根马尾或尼龙丝的活套，当遇到蜥蜴，待它停止不动时，乘机将竹竿轻轻伸出去，套住它的颈部，立刻拉回，或在蜥蜴面前摇动活套，挑逗蜥蜴，等它仰头时，将活套对准蜥蜴头部扣下，迅速提起拉回。此法主要用于捕捉树上活动的种类。

④用诱饵垂钓进行诱捕。用一定长度的棉线系以昆虫进行垂钓。此法用于捕捉石缝中的种类。

（2）乌龟的采集

乌龟一般在11月份气温低于10℃时进入冬眠，第二年4月出蛰，当温度上升到15℃以上，开始正常活动，进行大量取食。乌龟主要在水中捕捉小鱼、小虾、螺类为食，也常上陆觅食。在5~8月份，常于黄昏或黎明爬到沙滩或泥滩上产卵。可以利用它到陆上觅食和产卵的习性寻找捕捉，由于乌龟行动迟缓，一旦发现，完全可以用手直接捕捉。

（3）鳖的采集

鳖是我国淡水水域中的广布种。它的季节活动周期与乌龟的大体相同。采集鳖时，可在夏秋季节，到水边寻找水中有无鳖进食后剩下的碎螺壳和鼠粪样的鳖粪，也可根据溪流岸边鳖爬行后留下的足迹，以辨别是否有鳖及其活动方向。如有可用垂钓的方法进行捕捉。

同学们采集爬行动物，应着重于蜥蜴类和龟鳖类。关于蛇类，虽然它是我国爬行动物中种类最多的类群，是人类采集爬行动物的重要对象，但鉴于毒蛇伤人的危险性，同学们尽量不采。

三、标本制作

爬行动物的标本制作，除了少数大型种类（如蟒、蛇、巨蜥、海龟等）必须制作剥制标本外，一般均制作浸制标本保存。其制作方法有以下两种。

（1）酒精浸制法

对小型蜥蜴类，先用注射器向标本体腔中注入50%～80%酒精进行处死和防腐，然后用线固定在玻璃条上，放入盛有80%酒精的标本瓶中浸泡保存。并在标本瓶外贴上标签，写清编号、采集日期、采集地点、采集人、制作人等项内容。

用酒精浸制时，最好由低浓度向高浓度逐步更换浸制液，使标本逐步失水，最后保存在80%的酒精中。这样浸制的标本，虽经长期保存，但标本始终能保持柔软，不失原形，取出后仍然可以进行解剖和制作组织切片。

（2）福尔马林浸制法

对小型蜥蜴类，先用注射器向标本体腔中注入7%～8%福尔马林液，进行处死和防腐，然后用线固定在玻璃条上，放入盛有20%福尔马林液的标本瓶内进行固定。几天后再转入7%～8%福尔马林液中长期保存。

对龟鳖类，要先从泄殖腔注入麻醉剂（如乙醚），待麻醉后，将头和四肢拉出，向体内注射7%～8%福尔马林液处死，然后固定形状，并保存在20%福尔马林液中。几天后再转入7%～8%福尔马林中长期保存。如果放入标本瓶中，瓶外应加贴标签。

第五节 脊椎动物内脏器官解剖标本的制作

这类标本主要是突出动物某一系统的特征或主要器官的解剖标本。一般是先将动物体解剖，然后根据需要选取理想的内脏、器官，经处理后放入固定液中保存。

在动物体内的几大器官系统中，每一种器官系统都可以做成浸制标本。循环系统是同学们最不容易掌握的学习内容之一，就动物学教学来说，它既是重点又是难点。下面介绍循环系统的注射标本制作法。

一、循环系统的基础知识

循环系统中的各种血管与心脏、血液的关系是比较复杂的。制作标本前，如果对循环系统的某些基本知识都不清楚，那就会给制作带来许多困难。为此，在这里先复习一下脊椎动物循环系统的一些基本知识。

脊椎动物的循环系统包括血液循环系统和淋巴循环系统。

（1）心脏：哺乳动物的心脏位于胸腔的中部偏左下方，夹在两肺之间，形状像桃子。心脏内部被隔成左右不相通的2部分，左右两部分又被瓣膜分别隔成上下2个腔，故哺乳动物的心脏分成左右心房和左右心室4个腔。鸟类的心脏与哺乳类动物一样也有4个腔；爬行类动物的心脏是2心房1心室，但心室中有一不完全隔膜；两栖类动物的心脏是2心房1心室；鱼类的心脏是1心房1心室。心脏的功能就像一个"泵"，由于它的搏动而使血液在封闭式的心血管里周而复始地循环流动。心脏既负责输出血液到身体各部分又负责收回身体各部分的血液。

哺乳类动物心脏构造

爬行动物的心脏构造

两栖类动物的心脏构造

鱼类动物的心脏构造

各种动物的心脏

（2）动脉：自心脏运送血液到身体各部分的血管，可以称之为离心血管。动脉血管的特征是管壁较厚，管径较小。

（3）静脉：由身体各组织器官输送血液到心脏的血管，可以称之为向心血管。它的特征是管壁较薄,管径较大。

(4) 微血管:联络动脉和静脉的遍及动物体全身的细小毛细血管。

二、制作器具、材料及药品的配制

(1) 器具和材料

包括解剖盘、解剖刀、解剖剪、解剖镊(直头、弯头2种)、解剖针;用于血管注射的注射器(5~20毫升)和注射针头(6~8号);用于配制固定液的量筒或量杯;用于固定、浸渍标本材料的搪瓷盘或塑料盘,盛放注射色液用的搪瓷杯或烧杯;用于固定、保存标本的标本瓶或标本缸;研磨、搅拌注射色液用的玻璃棒及研钵;用于注射液加温的水浴锅或铝锅;电炉或煤气炉;盛放温水、洗净注射器及针头用的小塑料桶;以及针、线、玻璃片等。

(2) 注射色液的配制

死亡动物血管内的血液经过较长时间已失去原有的颜色,因而在观察循环系统之前,必须先在血管中注射一些不溶于酒精、福尔马林的颜料和填充剂,使被注射的血管保持原有饱满的形状和具有一定的颜色,以充分显示血管分布的情况。注射时通常采用双色注射,即在动脉中注射红色液,静脉中注射蓝色液;有时还采用三色注射,即在静脉的肝静脉中注射黄色液,这样就能很方便地辨认出动脉和静脉。注射液的配制以及所用的器具、材料应在注射前准备就绪,特别要注意明胶注射液和注射器具需用水浴保温。

配制注射色液需用下列原料:

①明胶(动物胶)20~25克,是配制注射色液的填充剂,呈粒状或片状。

②颜料用油漆粉或广告色均可,约需3~5克。动脉用红色料有洋红、银朱(硫化汞)、朱红或大红,静脉用蓝色料有琼蓝、普鲁士蓝或钛青蓝;肝门静脉用黄色料有铬黄(铅铬黄)。

③水100毫升。

将动物胶(片状胶应先粉碎成小片)按上述比例加水浸泡3~4小时,

待充分软化后,放入水浴锅中隔水加热(水温以70℃左右为宜),直至明胶充分溶解为止。色料(红、蓝或黄)用研钵研成细粉末(越细越好,不然大颗粒易堵塞针头),加到溶解的明胶中,用玻璃棒搅拌,直至色胶调匀,再经两层纱布过滤,即可使用。但要注意以下几点:

①浓度过高,注射时极易凝结,推动注射器也很费力。所以其浓度应保持在冻胶状态最为合适。

②在使用时,从始至终均需隔水加温,保持冻胶溶解状态。

③尽可能在动物的体温尚未散失时进行注射,以免注射液遇冷凝结。

④冬天注射时,可将动物体浸泡在温水中约10~20分钟。

明胶注射的优点是注射比较容易,解剖血管时,即使不慎损伤血管,注射色液也不致外流,并可利用明胶自行黏接。缺点是注射器具和注射色液均需加温,冬季气温过低,注射色液容易凝结。

三、血液循环系统注射标本制作方法

蟾蜍易得而且比较经济,就以蟾蜍为例说明血液循环系统注射标本的制作方法。

蛙的心脏结构

两栖动物的心脏包括心房、心室、动脉圆锥和静脉窦,如图所示。血液循环是不完全的双循环,左右心房的血液都注入心室。心室中的血液是混合血,所以在注射前,剪开胸腹腔后一定要结扎动脉和静脉的通路。

（1）解剖和扎结

①将蟾蜍用乙醚麻醉致死，用水清理躯体上的污物，然后腹面朝上放在解剖盘中，四肢展开，用大头针固定。

②左手持解剖镊夹起蟾蜍皮肤，右手持解剖剪沿腹部偏左斜向胸部中央剪开腹腔、胸腔以及胸骨。皮肤的腹中线下有一条腹静脉，剪时一定要避开这条血管，不要剪得太靠后，以免剪破血管；剪尖尽量向上挑，不要剪破内脏。

③用镊子轻轻夹起心包膜，剪破，使心脏完全暴露出来。

④用弯头镊子夹住两段线，由心脏前方动脉圆锥基部的背面穿过（动脉圆锥和静脉窦之间有一条缝，线便从这条缝中穿过）。

⑤取其中的一根线套在动脉圆锥上方，轻轻打一活结，注意不要打得太紧，如图所示。

蟾蜍心脏腹面观

⑥再将心脏翻过来（即心脏的背面面向操作者），用另一根线套住心脏的背面打一活结，在心室与静脉窦之间扎紧，隔断动脉与静脉的通路。

蟾蜍心脏背面观

（2）动脉注射

①打开动脉圆锥上方的活结，注射器中吸取红色注射液后套上 8 号针头。

心室动脉注射部位

②如图所示，将针头扎入心室，慢慢往里注射（切勿用力过猛，以免注射色液倒流），一般注射 2～3 毫升即可。检查注射量是否合适，可看胃上的血管，如果胃上的主要血管里都有红色注射液了，那就应该马上停止注射，因为注射过量会使血管破裂。取出针头，将线重新打结扎紧。

为了注射更加准确，也可将针头先扎入动脉圆锥而后直接扎进动脉干入主动脉，如图所示。

动脉干扎入部位

③将心室中的红色血液抽出一部分，注入少量蓝色液，使心室呈暗红色，以表示心室中的混合血。

(3) 静脉注射

①先用镊子细心把腹大静脉分离出来，如图所示。

腹大静脉注射部位

②左手食指垫在腹大静脉下，右手取7号针头插入注射蓝色液。注射量的多少视肝脏和胃壁上的静脉是否充满蓝色液为准。若已充满，即停止注射。也可以从静脉窦注射蓝色液。

③为使静脉显示更清楚，并将肝门静脉与肾门静脉区别开，可在腹静脉中射注一些蓝色液，再在体静脉处注射一些黄色液。

(4) 检查整理

①检查标本：如果发现肱静脉和腹静脉等血管中色液表示不明显，可适当进行补充注射。

②整理标本：将胸腹部的肌肉适当剪除，背部、腰部的脊椎连同肌肉一起剪除，用大头针固定在解剖盘中。接着剔除各部位血管周围的结缔组织，使血管清晰显现。另外还要切除大块卵巢。最后将各器官整

理好。

（5）固定装瓶

①用两层纱布放入福尔马林溶液中湿润，盖在蟾蜍的体表。

②蟾蜍硬化时，再浸入10%福尔马林液中约半个月，取出用清水冲净。

③把蟾蜍用线固定在玻璃片上，放入盛有10%福尔马林新液的标本瓶中保存。

由于动物内脏器官解剖标本是浸制标本，故跟一般动物浸制标本保存方法相同，此不赘述。

第六节　脊椎动物标本保存总结

前面在介绍各类动物标本制作方法时已经说明了保存方法，本节对动物标本的保存做一个原则性总结说明。

动物标本可分浸制、干制（包括剥制）标本两大类。

一、浸制动物标本的保存

装在玻璃容器内保存的无脊椎动物和脊椎动物的整体、局部以及解剖的浸制标本，其保存重点应放在浸液、封装两方面。

浸制标本要经常注意容器内的标本浸液是否短缺或混浊变质。如有短缺或混浊变质，需及时查明原因，究竟是塞（盖）损裂还是封装不严，然后添换标本浸液，换去已损裂的塞（盖）或重新严加封口。

装在一般玻璃瓶（管）内的浸制标本，瓶塞多是软木或橡胶制品，接触浸液时间一久，塞头会老化变质而污染浸液和标本，因此，浸液不应装得太满，要与瓶塞隔开适当距离。例如，存放在指形管内的小型标本，其浸液只装到管内容量的2/3。

浸制标本的玻璃瓶（管）通常用石蜡封口。封口时先把瓶口和瓶塞擦干，略加预热，再把瓶塞浸入熔化的石蜡，瓶口也刷些热石蜡，然后趁热塞紧瓶塞，并在封口处用热石蜡补封一次，涂匀涂平，封口即告结束。为了复查瓶口是否封严，可将瓶体稍作倾斜，如在浸口处发现有浸液外溢，即表示封闭不严，应立即查明原因，采取补救措施。

为了使瓶口封装更严，可在已经蜡封的瓶塞处蒙上一小块纱布，并再均匀涂上一层热蜡。

液浸的各种瓶装动物标本，宜集中放在避光处的柜橱内长期保存，要避免反复移动或强烈震动。柜橱的样式见右图。

以上所述是一般的保存原则，具体标本还需针对其形态、结构、制作等特点，分别采取不同的保存措施。

浸制标本柜样式

二、干制动物标本的保存

干制动物标本的保存方法，有以下几点需要注意。

（1）防潮防虫

各种干制的无脊椎动物标本和脊椎动物标本，都要注意防潮防虫。剥制的鸟兽标本，虽然在剥制时已经使用了防腐剂，有一定防腐作用，但同其他干制的动物标本一样，如保存不当，仍会受潮发霉变腐。因此，不论是放在标本柜（盒）里的中小型标本，还是在室内陈列的大型动物标本，都应注意室内干燥，必要时还可以专门放些干燥剂如石灰粉之类，柜内、盒内更需经常添换干燥剂（如袋装的硅胶等）。

为了避免虫蛀标本，可在标本柜（盒）内放些樟脑之类的防虫剂。并注意适时检查添换，防止日久失效或短缺。此外，标本室内还要注意灭鼠。

（2）防烟防尘

防止烟尘侵蚀污染，是保存干制标本的重要措施之一。尤其是冬季室内烧煤生火取暖，标本更易受烟熏而变色变质。标本室要保持整洁无尘，标本柜（盒）要关紧不使微尘侵入。大型陈列标本不便放入柜内时，可以套上塑料薄膜防尘罩。

(3) 避免日晒

干制动物标本和浸制动物标本一样都要避免日晒，因为日晒会使标本褪色、变形，迅速老化。除了在放置标本柜和室内陈列的大型动物标本时要注意避免阳光直射外，在标本室的门窗上还可安装遮光窗帘。

(4) 注意修整

干制的动物标本尽管制作精细，固定良好，但很难免受外部和内部因素的影响而发生变化，日久天长，轻者标本变形，重者会出现开裂、脱落等现象。为此，对标本室里的标本一定要精心护理，遇到局部移位、变形或发现霉斑要及时调理修整。